新编儿童配色格子图案

关注公众号"织美堂手工编织"观看相关基础全程视频

731 款

张翠 主编

辽宁科学技术出版社
·沈阳·

U0198691

主　编：张　翠

编组成员：刘晓瑞　田伶俐　张燕华　吴晓丽　贾雯晶　黄利芬　小　凡　燕　子　刘晓卫　简　单　晚　秋　惜　缘　徐君君
　　　　　爽　爽　郭建华　胡　芸　李东方　小　凡　落　叶　舒　荣　陈　燕　邓　瑞　飞　蛾　刘金萍　谭延莉　任　俊

图书在版编目（CIP）数据

　　新编儿童配色格子图案751款 / 张翠主编. — 沈阳：
辽宁科学技术出版社，2020.10（2025.3 重印）
　　ISBN 978－7－5591－1744－1

　　Ⅰ.①新… Ⅱ.①张… Ⅲ.①童服—毛衣—编织—
图集 Ⅳ.①TS941.763.1－64

　　中国版本图书馆CIP数据核字（2020）第164395号

────────────────────────────

出版发行：辽宁科学技术出版社
　　　　　（地址：沈阳市和平区十一纬路25号　邮编：110003）
印 刷 者：辽宁新华印务有限公司
经 销 者：各地新华书店
幅面尺寸：185mm×210mm
印　　张：8
字　　数：200千字
出版时间：2020年10月第1版
印刷时间：2025年3月第8次印刷
责任编辑：朴海玉
封面设计：张　翠
版式设计：张　翠
责任校对：栗　勇

────────────────────────────

书　　号：ISBN 978－7－5591－1744－1
定　　价：45.80元

联系电话：024－23284367
邮购热线：024－23284502
E－mail：473074036@qq.com
http://www.lnkj.com.cn

目 录 CONTENTS

棒针针法符号

| =下针(又称为正针、低针或平针)

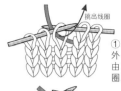

挑出线圈

①将线放在织物外侧,右针尖端由前面穿入针圈。

②挑出挂在右针尖上的线圈,同时此针圈由左针滑脱。

□ 或 — = 上针(又称为反针或高针)

挑出线圈

①将线放在织物前面,右针尖端由后面穿入针圈。

②挂上线并挑出挂在右针尖上的线圈,同时此针圈由左针滑脱。上针完成。

○ = 空针(又称为加针或挂针)

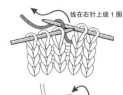

线在右针上绕1圈

①将线在右针上从下到上绕1圈,并带紧线。

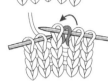

②继续编织下一个针圈。到次行时与其他针圈同样织。实际上是增加了1针,所以又称为加针。

Ω = 扭针

右针从后到前插入针圈,将这针扭转方向后再织

①将右针从后到前插入第1个针圈(将待织的这一针扭转)。

挑出线圈

②在右针上挂线,然后从针圈中将线挑出来,同时此针圈由左针滑脱。

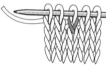

③继续往下织,扭针完成。

Ω = 上针扭针

右针按图示方向插入针圈,将这针扭转方向后再织上针

①将右针按图示方向插入第1个针圈(将待织的这一针扭转)。

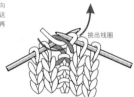

挑出线圈

②在右针上挂线,然后从针圈中将线挑出来。

◎ = 下针绕2圈

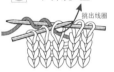

挑出线圈

在正常织下针时,将线在右针上绕2圈后从针圈中带出,使线圈拉长。

◎ = 下针绕3圈

挑出线圈

在正常织下针时,将线在右针上绕3圈后从针圈中带出,使线圈拉长。

V = 上浮针

线在前面横过

①将线放到织物前面,第1个针圈不织,挑到右针上。

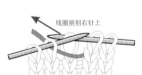

线圈挑到右针上

②线从第1个线圈的前面横过后,再放到织物后面。

③继续编织下一个线圈。

V = 下浮针

线放到织物后面,针圈挑到右针上

①将线放在织物后面,第1个线圈不织,挑到右针上。

线在后面横过

②线从第1个针圈的后面横过。

③继续编织下一个线圈。

∩ = 滑针

松开到上一行

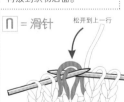

①将左针上第1个针圈退出并松开,然后滑到上一行(根据花型的需要也可以滑出多行),退出的针圈和松开的上一行用右针挑起。

挑出线圈

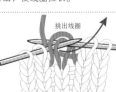

②右针从退出的针圈和松开的上一行毛线中挑出线使之形成1个针圈。

③继续编织下一个针圈。

 = 左加针

①左针第1针正常织。

②左针尖端先从这针的前一行的针圈中从后向前挑起针圈。针从前向后插入并挑出线圈。

继续织左针挑起的这个线圈

③继续织左针挑起的这个线圈。实际上是在这针的左侧增加1针。

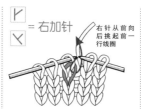 = 右加针

右针从前向后挑起前一行线圈

①在织左针第1针前，右针尖端从这针的前一行的针圈中从前向后插入。

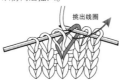

挑出线圈

②将线在右针上从下到上绕1次，并挑出线。实际上是在这针的右侧增加了1针。

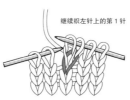

继续织左针上的第1针

③继续织左针上的第1针，然后此针圈由左针滑脱。

 = 右上2针并为1针

挑出线 2 1

①第1针不织，移到右针上，正常织第2针。

将第1针挑起套在第2针上

②再将第1针用左针挑起套在刚才织的第2针上面，因为有这个拨针的动作，所以又称为"拨收针"。

 = 左上2针并为1针

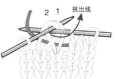

2 1 挑出线

①右针按箭头的方向从第2针、第1针插入两个线圈中，挑出线。

左针退出

②再将第2针和第1针这两个针圈从大针上退出，并针完成。

 = 中上3针并为1针

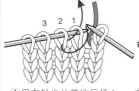

3 2 1

①用右针尖从前往后插入左针的第2针、第1针中，然后将右针退出。

②将线从织物的后面带过，正常织第3针。再用左针尖分别将第2针、第1针挑过，套住第3针。

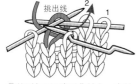 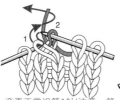 = 1针下针右上交叉

挑出线 2 1

①第1针不织移到曲针上，右针按箭头的方向从第2针针圈中挑出线。

②再正常织第1针(注意：第1针应从织物前面经过)。

③右上交叉针完成。

 =1针扭针和1针上针右上交叉

①第1针暂时不织，右针按箭头方向插入第2针线圈中。

②在步骤1的第2针线圈中正常织上针。

③再将第1针扭转方向后，右针从上向下插入第1针的线圈中带出线圈（正常织下针）。

 = 1针下针左上交叉

挑出线

①第1针不织，移到曲针上，右针按箭头的方向从第2针针圈中挑出线。

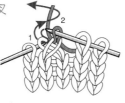

②再正常织第1针(注意：第1针应从织物后面经过)。

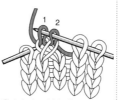

③左上交叉针完成。

5

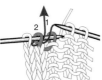 =1针扭针和1针上针左上交叉

①第1针暂时不织，右针按箭头方向从第1针前插入第2针线圈中（这样操作后，这个线圈是被扭转了方向的）。

②在步骤1的第2针线圈中正常织下针，然后再在第1针线圈中织上针。

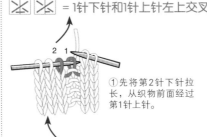 =1针下针和1针上针左上交叉

①先将第2针下针拉长，从织物前面经过第1针上针。

②先织好第2针下针，再来织第1针上针。"1针下针和1针上针左上交叉"完成。

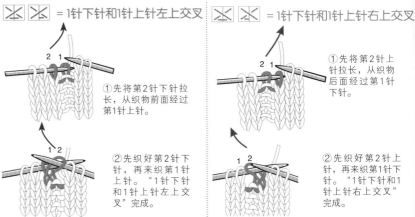 =1针下针和1针上针右上交叉

①先将第2针上针拉长，从织物后面经过第1针下针。

②先织好第2针上针，再来织第1针下针。"1针下针和1针上针右上交叉"完成。

 =1针右上套交叉

①右针插入第1针、第2针针圈，将第2针挑起，从第2针的线圈中通过并挑出。

②再将右针由前向后插入第2针针圈并挑出线圈。

③正常织第1针。

④"1针右上套交叉"完成。

 =1针左上套交叉

①将第2针挑起套过第1针。

②再将右针由前向后插入第2针针圈并挑出线圈。

③正常织第1针。

④"1针左上套交叉"完成。

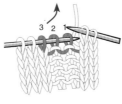 =1针下针和2针上针左上交叉

①将第3针下针拉长，从织物前面经过第2针和第1针上针。

②先织好第3针下针，再来织第1针和第2针上针。"1针下针和2针上针左上交叉"完成。

 =1针下针和2针上针右上交叉

①将第1针下针拉长，从织物前面经过第2针和第3针上针。

②先织好第2针、第3针上针，再来织第1针下针。"1针下针和2针上针右上交叉"完成。

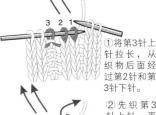 =2针下针和1针上针左上交叉

①将第3针上针拉长，从织物后面经过第2针和第3针下针。

②先织第3针上针，再来织第1针和第2针下针。"2针下针和1针上针左上交叉"完成。

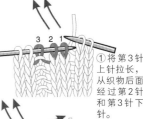 =2针下针和1针上针右上交叉

①将第3针上针拉长，从织物后面经过第2针和第3针下针。

②先织第3针上针，再来织第1针和第2针下针。"2针下针和1针上针右上交叉"完成。

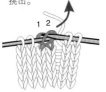

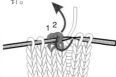
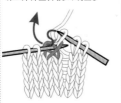
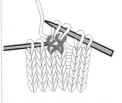
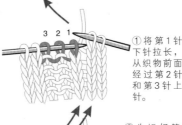

01

俏皮小鹿套头插肩衫

【编织密度】26针×35行=10cm²
【工　　具】2.5mm棒针、3mm棒针
【材　　料】天蓝色线（100g、100g、150g），其他
　　　　　　颜色线各1团
【编织要点】

左后片：
用2.5mm棒针，天蓝色线，起织（39、41、43）针
织单罗纹花样（1、2、2）cm。
注意：第1行2针下针开始，以1针上针结尾。织完用
记号扣标记。
换成3mm棒针，织平针。
左边缘减针法：新生儿和3个月。
每10行减1针减1次，每8行减1针减3次。
6个月：每10行减1针减4次。
织完共（35、37、39）针。
接下来不加针不减针一直到距离记号扣标记位置
（12、12、14）cm。
下一行左边缘收2针，接下来左边缘按照如下方式收针：
新生儿：（收2针1次，收1针3次）×3次，收1针5次。
3个月：（收2针1次，收1针6次）×2次，收1针4次。
6个月：收2针1次，收1针19次。
接下来不加针不减针一直织到距离标记位置（22、
23、26）cm，收剩下的（13、15、16）针。
右后片：
和左后片织法相同，但减针和收针在右边缘。

前片：
用2.5mm棒针，天蓝色
线，起织（69、73、77）
针，织（1、2、2）cm的
单罗纹花样，第1行的开
始和结尾都是1针下针。
织完用记号扣标记。
换成3mm棒针，织平针和小鹿图案。
6个月：用天蓝色线织4行平针。然后所有尺寸按照
如下方式织小鹿花样A：用天蓝色线织（20、22、
24）针平针，织小鹿花样A 31针，用天蓝色线织
（18、20、22）针平针。
织小鹿花样A的同时两端分别按照如下方式减针：
新生儿和3个月：每10行减1针减1次，每8行减1针减
3次。
6个月：每10行减1针减4次。
织完共（61、65、69）针。
接下来不加针不减针一直到距离记号扣标记位置
（12、12、14）cm。
接下来两端同时收针，下一行两端各收2针。接下来
两端分别按照如下方式收针：
新生儿：（收2针1次，收1针3次）×3次，收1针2次。
3个月：（收2针1次，收1针6次）×2次，收1针1次。
6个月：收2针1次，收1针16次。
织完共（23、27、29）针。
接下来不加针不减针一直到距离记号扣标记位置
（19、19.5、23）cm。
接下来正中间收（7、9、11）针，左领口收（8、9、
9）针，右领口收（8、9、9）针
然后右领口和左领口分开编织，在领口边缘按照如
下方式收针：
新生儿：收3针2次，收2针1次。
3个月和6个月：收4针1次，收3针1次，收2针1次。
右袖片：
用2.5mm棒针，天蓝色线，起织（40、42、46）针，
然后织2cm的单罗纹花样。最后一行用记号扣标记。
换成3mm棒针，织平针和圆点花样B。
第1行正中间加1针，共（41、43、47）针。
接下来两端同时按照如下方式加针：
新生儿：每6行加1针加4次。
3个月：每8行加1针加2次，每6行加1针加3次。

儿童年龄	衣服长度
新生儿	52cm
3个月	60cm
6个月	67cm

6个月：每8行加1针加5次。

织完共（49、53、57）针。然后不加针不减针一直到距离标记位置（8、11.5、13）cm。

下一行两端各收2针。

接下来两端同时按照如下方式收针：

新生儿：（收2针1次，收1针3次）×3次，收1针2次。

3个月：（收2针1次，收1针6次）×2次，收1针1次。

6个月：收2针1次，收1针16次。

织完共（11、15、17）针。

然后不加针不减针一直到距离标记位置（16.5、21、

23.5）cm。

右边缘开始按照如下方式收针：

新生儿：收3针1次，2针1次，1针1次，2针1次。

3个月：收3针4次。

6个月：收4针2次，3针2次。

同时左边缘：收1针3次。

左袖片：

按照右袖片相同的织法编织。

领口：

用2.5mm棒针，天蓝色线，起织（79、83、87）针，织1.5cm长的单罗纹花样。第1行开始和结束都是2针下针。然后正面织1行下针，然后几个不同颜色织几行平针。缝合。

8.5cm
9.5cm
10.5cm
（18、19.5、21）cm
20cm
24.5cm
27cm

袖片

8cm
11.5cm
13cm
（15、16、17）cm

2cm

（4、4.5、5）cm

10cm
11cm
12cm
（12.5、13、14）cm

23cm
25cm
28cm

左后片

12cm
12cm
14cm
（14、14.5、15.5）cm

（1、2、2）cm

花样A

（8、9、10）cm

8.5cm
9.5cm
10.5cm
（23、24、26）cm

前片

21.5cm
23.5cm
26.5cm

12cm
12cm
14cm
（26、27、29）cm

（1、2、2）cm

（39、41、43）cm

针法说明：

平针：行织时，正面织下针，反面织上针。

起伏针：行织时，正反面都织下针。

右上2针并1针：滑1针、织1针，将滑过的针套拉出(减1针)。

左上2针并1针：以下针方法将2针织在一起。

中上3针并1针：一起滑2针，织1针，将滑过的2针拉下来（减2针）。

花样B

42针

26行

65行

31针

02

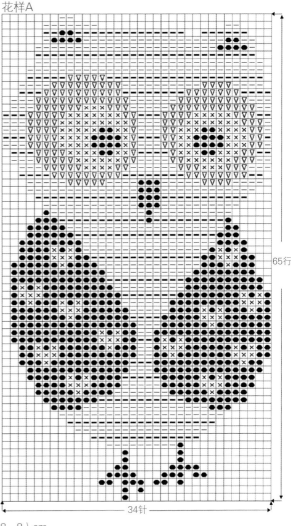

花样A

65行

34针

卡通小鸟图案圆领衫

【编织密度】23针×30行=10cm²

【工　　具】3mm棒针、3.5mm棒针

【材　　料】灰色线（150g、200g、250g、300g、350g），其他色线各少许

【编织要点】

本作品编织方法可参考作品01。本款作品编织图案适用所有套头毛衣，对于不同年龄的儿童可参考以下尺寸来编织。

年龄	2岁	4岁	6岁	8岁	10岁
总高度	30cm	34cm	38cm	41cm	45cm

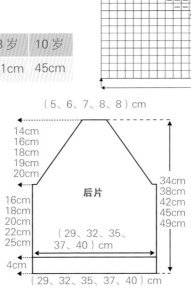

（8、9、10、11、11）cm

11.5cm
13.5cm
15.5cm
16.5cm
17.5cm

前片

31.5cm
35.5cm
39.5cm
42.5cm
46.5cm

16cm
18cm
20cm
22cm
25cm

（29、32、35、37、40）cm

4cm

（29、32、35、37、40）cm

（5、6、7、8、8）cm

14cm
16cm
18cm
19cm
20cm

后片

34cm
38cm
42cm
45cm
49cm

16cm
18cm
20cm
22cm
25cm

（29、32、35、37、40）cm

4cm

（29、32、35、37、40）cm

16cm
18cm
20cm
21cm
22cm

袖片

37.5cm
43cm
48.5cm
53cm
58cm

（23、26、29、31、34）cm

17.5cm
21cm
24.5cm
28cm
32cm

（19、20、21、22、23）cm

4

尺寸	1	2	3	4	5	6
月龄	3~6 个月	6~12 个月	12~24 个月	24~36 个月	36~48 个月	48~60 个月
胸围	42cm	47cm	52cm	56cm	61cm	66cm
肩宽	25cm	27cm	30cm	33cm	37cm	41cm

03

温暖提花小背心

【编织密度】25针×34行=10cm²

【工　　具】3mm棒针、3.25mm棒针

【材　　料】淡粉色线（50g、100g、100g、100g、150g、150g），深灰色线50g

【编织要点】

后片：

用3mm棒针，深灰色线，起织（54、58、66、70、78、82）针。

第1行：2针下针，（2针上针，2针下针），括号内重复多次。

第2行：2针上针，（2针下针，2针上针），括号内重复多次。

再重复上面2行的动作（2、3、4、5、6、7）次，最后一行均匀加（1、3、1、3、1、3）针。共（55、61、67、73、79、85）针。

换成3.25mm棒针，织花样A共42行。

接下来用淡粉色线不加针不减针织平针到后片（15、16、18、20、23、26）cm长，以上针行结束。

后片袖窿位置的编织：

接下来2行开始各收5针，共（45、51、57、63、69、75）针。

下一行：右上2针并1针，接下来织下针到最后2针，左上2针并1针。

下一行：织上针到行尾。

再重复上面2行的动作（2、3、4、5、6、7）次。织完共（39、43、47、51、55、59）针。

继续不加针不减针织平针一直织到后片（25、27、30、33、37、41）cm长。以上针行结束。

后片肩部位置的编织：

接下来2行开始各收（7、8、9、10、11、12）针，共（25、27、29、31、33、35）针。收针。

前片：

用3mm棒针，深灰色线，起织（54、58、66、70、78、82）针。

第1行：2针下针，（2针上针，2针下针），括号内重复多次。

第2行：2针上针，（2针下针，2针上针），括号内重复多次。

再重复上面2行的动作（2、3、4、5、6、7）次，最后一行均匀加（1、3、1、3、1、3）针。共（55、61、67、73、79、85）针。

换成3.25mm棒针，织花样A共42行。

接下来用淡粉色线不加针不减针织平针一直织到前片（15、16、18、20、23、26）cm长，以上针行结束。

前片袖窿位置的编织：

接下来2行开始各收5针，共（45、51、57、63、69、75）针。

前片左领口的编织：

下一行：右上2针并1针，（18、

21、24、27、30、33）针下针，左上2针并1针，掉头。

下一行：织上针到行尾。

下一行：右上2针并1针，接下来织下针到最后2针，左上2针并1针。

再重复上面2行的动作（1、2、3、4、5、6）次。共（16、17、18、19、20、21）针。

接下来领口边缘减针，每2行减1针减（3、3、2、2、2、2）次，每4行减1针减（6、6、7、7、7、7）次，剩下（7、8、9、10、11、12）针。继续不加针不减针一直织到和后片肩部长度一致。收针。

前片右领口的编织：

正面，滑正中间的1针到大别针上，织剩下的针目。

下一行：右上2针并1针，接下来织下针一直到最后2针，左上2针并1针。

下一行：织上针到行尾。

下一行：右上2针并1针，接下来织下针一直到最后2针，左上2针并1针。

再重复上面2行的动作（1、2、3、4、5、6）次，剩下（16、17、18、19、20、21）针。

每2行减1针减（2、3、2、2、2、2）次，每4行减1针减（6、6、7、7、7、7）次，剩下（7、8、9、10、11、12）针。继续不加针不减针一直织到和后片肩部长度一致。收针。右肩缝合。

衣襟：

正面：用3mm的棒针，深灰色线，从前领左边缘开始挑织（32、36、38、42、44、48）针下针，别针上挑织1针，前领右边缘挑织（32、34、38、40、44、46）针下针，后领别针上挑织（28、30、32、34、36、38）针下针。共（93、101、109、117、125、133）针。

针对第"1""2""5""6"尺寸：

第1行：（2针上针，2针下针）×（15、16、20、21）次，1针上针，（2针下针，2针上针），括号内重复多次到行尾。

针对第"3""4"尺寸：

第1行：（2针下针，2针上针）×（17、18）次，2针下针，1针上针，2针下针，（2针上针，2针下针）括号内重复多次到行尾。

针对所有尺寸：

第1行：织罗纹针。

第2行：织（31、35、37、41、43、47）针罗纹针，中上3针并1针，织罗纹针到行尾。

第3行：织罗纹针到行尾。

第4行：织（30、34、36、40、42、46）针罗纹针，中上3针并1针，织罗纹针到行尾。

第5行：织罗纹针到行尾。

针对第"4""5""6"尺寸：

第6行：织（39、41、45）针罗纹针，中上3针并1针，织罗纹针到行尾。

第7行：织罗纹针到行尾。

第8行：织（38、40、44）针罗纹针，中上3针并1针，织罗纹针到行尾。

第9行：织罗纹针到行尾。

针对所有尺寸：收针。

袖襟、左肩和领口缝合。

正面：用3mm棒针，深灰色线，沿着袖窿边缘挑织（74、78、82、90、94、98）针下针。

第1行：2针上针，（2针下针，2针上针）括号内重复多次到行尾。

第2行：2针下针，（2针上针，2针下针）括号内重复多次到行尾。

按照上面的双罗纹花样再多织（3、3、3、5、5、5）行。收针。

花样A

04

月龄	6~12 个月	12~18 个月	18~24 个月	24~36 个月	36~48 个月
胸围	50cm	54cm	56cm	60cm	63cm
肩宽	30cm	34cm	37cm	41cm	45cm
袖长	17cm	19cm	21cm	24cm	27cm

时尚经典提花外套

【编织密度】25针×34行=10cm²

【工　　具】3mm棒针、3.25mm棒针

【材　　料】深灰色线100g，白色线
（50g、50g、100g、100g、
100g），其他色线少许

【编织要点】

后片：

用3mm棒针，深灰色线，起织（65、
69、73、77、81）针。

按照如下方式织6行单罗纹花样：

第1行：1针上针，（1针下针，1针上
针）括号内重复多次一直到行尾。

第2行：1针下针，（1针上针，1针下
针）括号内重复多次一直到行尾。

再重复上面2行的动作2次。

换成3.25mm棒针，以1行下针行
开始，织平针和花样A，一直织到
（17、19、21、24、27）cm长，以
上针行结束。

后片袖窿位置的编织：

接下来2行开始各收4针，共（57、

61、65、69、73）针。

下一行：右上2针并1针，织花样一
直到最后2针，左上2针并1针。

下一行：织花样到行尾。

下一行：织花样到行尾。

下一行：织花样到行尾。

再重复上面4行的动作1次，共（53、
57、61、65、69）针。

下一行：右上2针并1针，织花样一直
到最后2针，左上2针并1针。

下一行：织花样到行尾 。

再重复上面2行的动作（13、14、
15、16、17）次。

织完共（25、27、29、31、33）针。
将针目移到大别针上。

左前片：

用3mm棒针，深灰色线，起织
（29、29、31、31、33）针。按照
如下方式织5行单罗纹花样：

第1行：1针下针，（1针上针，1针下
针）括号内重复多次一直到行尾。

第2行：2针下针，1针上针，（1针下
针，1针上针）括号内重复多次一直
到行尾。

再重复上面2行的动作1次，然后重复
第1行的动作1次。

下一行：8针单罗纹（移到大别针上
作为前片衣襟待用），加（0、1、
0、1、0）针，接下来织单罗纹到行
尾。共（21、22、23、24、25）针。

换成3.25mm棒针，以1行下针行
开始，织平针和花样A，一直织到
（17、19、21、24、27）cm长，以
上针行结束。

左前片袖窿位置的编织：

下一行：收4针，织花样到行尾。共
（17、18、19、20、21）针。

下一行：织花样到行尾。

下一行：右上2针并1针，织花样到行尾。

下一行：织花样到行尾。

下一行：织花样到行尾。

再重复上面4行的动作1次，共
（15、16、17、18、19）针。

下一行：右上2针并1针，织花样到行尾。

下一行：织花样到行尾。

再重复上面2行的动作（13、14、
15、16、17）次。剩下1针收针。

右前片：

用3mm棒针，深灰色线，起织
（57、59、63、65、69）针。按照
如下方式织5行单罗纹花样。

第1行：1针下针，（1针上针，1针下
针）括号内重复多次一直到行尾。

第2行：1针上针，（1针下针，1针
上针）括号内重复多次一直到最后2
针织下针。

再重复上面2行的动作1次，然后重复
第1行的动作1次。

下一行：行中间加（0、1、0、1、
0）针，接下来织单罗纹到最后8针。
将最后8针移到大别针上，共（49、
52、55、58、61）针。

换成3.25mm棒针，以1行下针行
开始，织平针和花样A，一直织到
（17、19、21、24、27）cm长，
以下针行结束。

右前片袖窿位置的编织：

下一行：收4针，织花样到行尾。共
（45、48、51、54、57）针。

下一行：织花样到最后2针，左上2针
并1针。

下一行：织花样到行尾。

下一行：织花样到行尾。
再重复上面4行的动作1次，共
（43、46、49、52、55）针。
下一行：织花样到最后2针，
左上2针并1针。
下一行：织花样到行尾。
再重复上面2行的动作9次。
共（19、21、23、25、27）
针，移到1个大别针上。
袖片：
用3mm棒针，深灰色线，起织
（25、27、31、35、37）针。按
照如下方式织6行单罗纹花样：
第1行：1针下针，（1针上
针，1针下针）括号内重复多
次一直到行尾。
第2行：1针上针，（1针下
针，1针上针）括号内重复多
次一直到行尾。
再重复上面2行的动作2次。
换成3.25mm棒针，以1行下
针行开始，织平针和花样A，
织2行，接下来1行加1针，
接下来每4行加1针一直加到
（49、55、61、69、75）
针。接下来不加针不减针织一
直织到（17、19、21、24、
27）cm长，以上针行结束。
开始袖窿以上的编织：
接下来2行开始各收4针。共
（41、47、53、61、67）针
针对第6~12个月、12~18个
月、18~24个月、24~36个月尺
寸：
下一行：右上2针并1针，织花
样到最后2针，左上2针并1针。
下一行：织花样到行尾。
下一行：织花样到行尾。
下一行：织花样到行尾。
再重复上面4行的动作（3、
2、1、0）次，共（33、41、
49、59）针。
针对所有尺寸：
下一行：右上2针并1针，织
花样到最后2针，左上2针并1

针。
下一行：织花样到行尾。
再重复上面2行的动作（9、
12、15、18、21）次，共
（13、15、17、21、23）
针，移到1个大别针上。
左前片衣襟的编织：
正面：用3mm棒针，深灰
色线，连接到左前片大别针
的8针上，另外起织1针，共
9针。继续织单罗纹，一直
到前片的长度。以反面行结
束。将针目移到大别针上。
右前片衣襟的编织：
反面：用3mm棒针，深灰色
线，连接到右前片大别针的
8针上，另外起织1针，共9
针。继续织单罗纹，一直到前
片的长度。以反面行结束。
扣眼行：
4针单罗纹，绕线，左上2针并
1针，3针单罗纹。然后织11行
单罗纹。再重复上面12行的动
作1次，不要断线。
领口衣襟：
正面：用3mm棒针，深灰色
线，右前片衣襟的9针，织4
针单罗纹，绕线，左上2针并
1针，2针单罗纹，最后一针
连接右前片的大别针上的第1
针一起织1针下针，织（17、
19、21、23、25）针下针，
最后1针连接右袖片的第1针
一起织1针下针，（11、13、
15、19、21）针下针，最
后一针连接后片的第1针一
起织1针下针，（23、25、
27、29、31）针下针，最
后一针连接左袖片的第1针一
起织1针下针，（11、13、
15、19、21）针下针，最后
一针连接左前片衣襟9针的第
1针一起织1针下针，8针单
罗纹。共（83、91、99、
111、119）针。接下来织5行

单罗纹花样。收针。
扣眼衣襟：
用3mm棒针，深灰色线，起织（36、38、40、42、
44）针。织1行
下针。
扣眼行：
1针下针，左上
2针并1针，将
挂线放在织片前
方，织下针到行
尾。织1行下针。
收针。

（25、27、28、30、31.5）cm

30.5cm
34cm
37cm
41cm
45cm

17cm
19cm
21cm
24cm
27cm

花样A

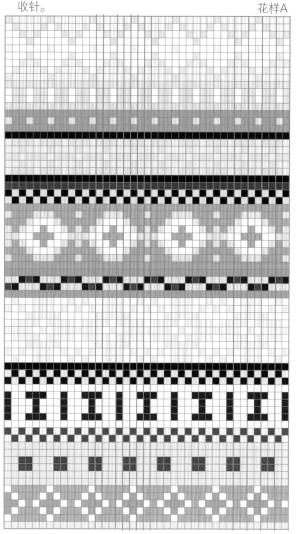

提花一字肩套头毛衫

05

儿童年龄	合适的胸围尺寸	最终完成的尺寸
2 岁	53.5cm	66cm
4 岁	58.5cm	70cm
6 岁	63.5cm	76cm
8 岁	67.5cm	81.5cm
10 岁	71cm	87.5cm

【编织密度】22针×28行=10cm²

【工　　具】3.75mm棒针、4.0mm棒针

【材　　料】蓝色线（250g、250g、300g、350g、350g），白色线（50g、50g、100g、100g、100g），纽扣6颗

【编织要点】

后片：

用蓝色线，3.75mm棒针，起（71、75、83、87、95）针。按照如下方式织单罗纹花样。

第1行：正面，1针下针，（1针上针、1针下针），括号内动作重复多次。

第2行：1针上针，（1针下针、1针上针）括号内动作重复多次。

重复上面2行的单罗纹花样，一共织（16、16、20、20、20）行。单罗纹花样结束。

换成4mm棒针，织1行下针，然后全部织下针，一直织到（12.5、16.5、19、21.5、24）cm长。下面一行织反面时结束。最后一行均匀加2针，共（73、77、85、89、97）针。

接下来再织14行，按照花样A全部织下针。下针行是从右往左织，上针行是从左往右织。

每4针算1组花样，共（18、19、21、22、24）组。

后片袖窿位置的编织：

继续按照花样A。接下来2行开始两边各收（4、4、8、8、8）针，共（65、69、69、73、81）针。

继续按照花样A进行编织。

下一行：用蓝色线，织下针。两边各减1针。共（63、67、67、71、79）针。

以上动作与前片编织方法相同。

继续编织，一直织到肩（12.5、14、15、15、16.5）cm长，下面一行织正面时结束。

后片肩部位置的编织：

接下来2行的开始两边各收（18、19、19、19、22）针，剩下（27、29、29、33、35）针形成领窝。

前片：

和后片上半部分相同。用蓝色线继续编织，一直织到领窝下（7.5、7.5、8.5、8.5、9）cm长，下一行织正面时结束。

领口：

分两部分织，先织左片。以2岁为例，我们将织片分成（25、13、25）针。

下一行：（23、23、25、25、25、29）针下针，左上2针并1针（领口边缘），掉头（以2岁为例：左肩25针）。

接下来（6、6、4、4、4）行领口边缘各减1针，接下来每2行减1针减（0、1、3、4、4）次，共（18、19、19、19、22）针。

继续编织，一直织到肩（10、11.5、15、15、16.5）cm长，下面一行织正面时结束。

接下来织右边，正面编织。跳过前领口领窝的（13、13、13、17、17）针不织。

用蓝色线连接，反面跳过1针不织，1针下针，这行剩下的针目织下针，共（24、26、26、27、31）针。

接下来（6、6、4、4、4）行领口边缘各减1针，接下来每2行减1针减（0、1、3、4、4）次，共（18、19、19、19、22）针。

继续编织，一直织到袖窿（10、11.5、15、15、

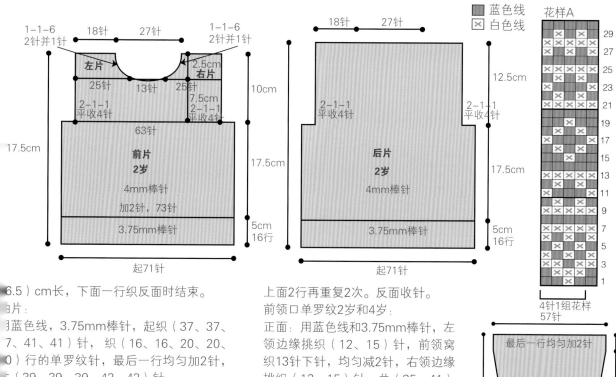

1-1-6
2针并1针
18针　27针　1-1-6
2针并1针
左片　2.5cm　右片
25针　13针　25针
7.5cm
2-1-1
平收4针　63针　2-1-1
平收4针
17.5cm
前片
2岁
4mm棒针
加2针，73针
3.75mm棒针
10cm
17.5cm
5cm
16行
起71针

18针　27针
12.5cm
2-1-1
平收4针　2-1-1
平收4针
后片
2岁
4mm棒针
17.5cm
3.75mm棒针
5cm
16行
起71针

蓝色线
白色线
花样A

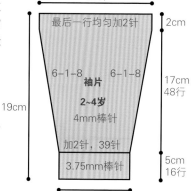

4针1组花样
57针

最后一行均匀加2针　2cm
6-1-8　6-1-8
19cm　袖片
2~4岁
4mm棒针
加2针，39针
3.75mm棒针
17cm
48行
5cm
16行
起37针

6.5）cm长，下面一行织反面时结束。

□片：

□蓝色线，3.75mm棒针，起织（37、37、
7、41、41）针，织（16、16、20、20、
0）行的单罗纹针，最后一行均匀加2针
□（39、39、39、43、43）针。

□成4.0mm棒针，织下针。每6行加1针一
□到（55、59、63、63、71）针。

□续织到（19、24、29、33、37）cm长，
□面一行织正面时结束。最后一行均匀加2
□，共（57、61、65、65、73）针。

□照花样A织10行，下针行是从右往左织，
□针行是从左往右织。每4针算1组花样，
□（14、15、26、16、18）组。

□岁和4岁：第11~14行按照花样A织，用蓝
□线，收针。

□岁、8岁和10岁：第11~20行按照花样A
□，用蓝色线，收针。

□领口单罗纹2岁和4岁：

□面：用蓝色线，3.75mm棒针，织（27、
□）针下针，均匀减2针，共（25、27）针。

□1行：2针上针，（1针下针，1针上针）
□号内重复多次，1针上针。

□2行：2针下针，（1针上针，1针下针）
□号内重复多次，1针上针。

上面2行再重复2次。反面收针。

前领口单罗纹2岁和4岁：

正面：用蓝色线和3.75mm棒针，左
领边缘挑织（12、15）针，前领窝
织13针下针，均匀减2针，右领边缘
挑织（12、15）针。共（35、41）
针。

重复后领口第1行和第2行的动作3次。

扣眼肩部门襟：

正面：用蓝色线和3.75mm棒针沿
着前片右肩和领口边缘挑织（25、
27）针。

第1~3行：和后领窝相同。

第4行：正面织5针单罗纹，（将线
放在织物前面，右上2针并1针，5
针或6针单罗纹）×2次，将线放在
织物前面，右上2针并1针，4针单罗
纹。

第5行和第6行：和后领窝相同。反面
收针。

前领口6岁、8岁、10岁：

正面：用蓝色线，3.75mm棒针，左
前领边缘挑织（15、15、16）针下
针，前领窝挑织（13、17、17）针，
均匀减2针，右前领边缘挑织（15、
15、16）针下针，后领窝挑织（29、

33、35）针，正中间减1
针。共（69、77、81）
针。

第1行（反面）：1针上
针，（1针下针，1针上
针）括号内重复多次。

第2行：1针下针，（1针
上针，1针下针）括号内
重复多次。

上面2行再重复2次，第1
行再多重复1次。收针。
缝合右肩到领口上。

15

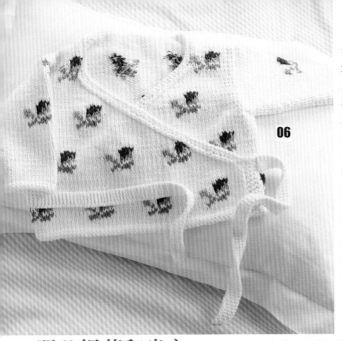

06

婴儿提花和尚衣

【编织密度】25针×34行=10cm²
【工　　具】2.75mm棒针、3.25mm棒针
【材　　料】白色线（150g、150g、200g、200g、250g），其他色线少许
【编织要点】
注意：编织图案花样A时，从花样的第1行开始织后片，从花样的第19行开始织前片。
后片：
用2.75mm棒针，白色线，起织（66、72、78、84、90）针。织3行下针，换成3.25mm棒针。接下来按照图案花样A织平针，以下针行开始，重复36行的花样织。按照如下方式织花样：
第1行：正面，织（1、4、7、10、13）针下针，16针的图案花样A第1行×4次，（1、4、7、10、13）针下针。
第2行：反面，织（1、4、7、10、13）针上针，16针的图案花样A第2行×4次，（1、4、7、10、13）针上针。
按照上面的方式，继续不加针不减针织图案花样A（36、40、46、52、58）行。
后片的袖隆减针：接下来2行最开始各收4

针。共（58、64、70、76、82）针。接下来继续织（32、36、40、44、48）行。
后片的肩部减针：接下来4行最开始各收（5、6、7、8、9）针，接下来2行最开始各收4针。剩下（30、32、34、36、38）针放在大别针上。
左前片：
用2.75mm棒针，白色线，起织（66、72、78、84、90）针。织3行下针，换成3.25mm棒针。以下针行开始织平针和图案花样A，重复36行的图案花样，且以图案花样A的第19行开始按照如下方式织：
第1行：（1、4、7、10、13）针下针，16针的图案花样A的第19行重复（3、4、4、4、4）次，（13、0、3、6、9）针下针，4针下针。
第2行：4针下针，（13、0、3、6、9）针上针，16针的图案花样A的第20行重复（3、4、4、4、4）次，（1、4、7、10、13）针上针。按照上面的方式，继续不加针不减针织图案花样A（14、16、20、24、28）行。
左前片的斜面编织：
下一行：织花样一直到最后4针，将剩余4针移到大别针上。
下一行：织花样到行尾。
下一行：织花样到最后3针，左上2针并1针，1针下针。
下一行：1针上针，上针的左上2针并1针，织花样到行尾。
再重复最后2行的动作（9、10、11、12、13）次。共（42、46、50、54、58）针。
左前片的袖隆位置编织：
下一行：收4针，织花样到最后3针，左上2针并1针，1针下针。
下一行：1针上针，上针的左上2针并1针，织花样到行尾。
下一行：织花样到最后3针，左上2针并1针，1针下针。
下一行：1针上针，上针的左上2针并1针，织花样到行尾。
再重复最后2行的动作（10、11、12、13、14）次。共（14、16、18、20、22）针。
不加针不减针织（10、12、14、16、18）行，以上针行结束。
左前片的肩部位置编织：
接下来2行：起始位置收（5、6、7、8、9）针。

月龄	3~6 个月	6~9 个月	9~12 个月	12~18 个月	18~24 个月
胸围	51cm	56cm	60cm	65cm	70cm
肩宽	22cm	24cm	27cm	30cm	33cm
袖长	13cm	14cm	16cm	18cm	21cm

下一行：织上针到结尾。
下一行：收剩下的4针。
右前片：
2.75mm棒针，用白色线，起织（66、72、78、84、90）针。织3行下针，换成3.25mm棒针。以下针行开始织平针和图案花样A，重复36行的图案花样，且以图案花样的第19行开始按照如下方式织：
第1行：4针下针，（13、0、3、6、9）针下针，16针的图案花样A第19行重复（3、4、4、4、4）次，（1、4、7、10、13）针下针。
第2行：（1、4、7、10、13）针上针，16针的图案花样A第20行重复（3、4、4、4、4）次，（13、0、3、6、9）针上针，4针下针。
按照上面的方式，继续不加针不减针织图案花样A（14、16、20、24、28）行。
右前片的斜面编织：
下一行：4针下针移到大别针上，织花样一直到行尾。
下一行：织花样到行尾。
下一行：右上2针并1针，织花样到结尾。
下一行：织花样到最后3针，以从针目后方穿入棒针的方式将接下来的2针一起织上针（减1针），1针上针。
再重复最后2行的动作（9、10、11、12、13）次。
右前片的袖窿位置编织：
下一行：1针下针，右上2针并1针，织花样到结尾。
下一行：收4针，织花样到最后3针，以从针目后方穿入棒针的方式将接下来的2针一起织上针

（减1针），1针上针。
下一行：1针下针，右上2针并1针，织花样到结尾。
下一行：织花样到最后3针，以从针目后方穿入棒针的方式将接下来的2针一起织上针（减1针），1针上针。
再重复最后2行的动作（10、11、12、13、14）次，共（14、16、18、20、22）针。
不加针不减针织（11、13、15、17、19）行，以上针行结束。
右前片的肩部位置编织：
下一行：起始位置收（5、6、7、8、9）针。
下一行：起始位置收（5、6、7、8、9）针。
下一行：织花样到结尾。
下一行：收剩下的4针。
袖片：
用2.75mm棒针，白色线，起织36（32、36、38、40、42）针，织3行下针，换成3.25mm棒针，以下针行开始织平针和图案花样B，以如下方式处理：
第1行：用白色线织（8、10、11、12、13）针下针，16针图案花样第1行织下针，用白色线织（8、10、11、12、13）针下针。
第2行：用白色线织（8、10、11、12、13）针上针，16针图案花样第2行织上针，用白色线织（8、10、11、12、13）针上针。
按照上面的方式，织图案花样B，按照如下方式处理：
织4行花样B。
加针行：3针下针，加1针，织花样B到最后3针，白色线加1针，3针下针。织3行花样B，再重复最后4行（6、7、9、11、12）次，加针行再重复1次。共（48、54、60、66、70）针。
继续不加针不减针织花样B一直织到

袖子（13、14、16、18、21）cm长，以上针行结束。最后一行的结尾记号扣标记。织6行花样，收针。
领口：
正面：用2.75mm棒针，白色线，从右前片别针上滑4针到毛衣针，右前斜面挑织（60、66、72、78、84）针下针，从后领别针上挑织（30、32、34、36、38）针下针，从左前斜面挑织（60、66、72、78、84）针下针，左前片别针上织4针下针。共（158、172、186、200、214）针。织2行下针，反面行收针。
系带×2个：
用2.75mm棒针，白色线，起织5针。正反面都织下针一直到（32、36、40、44、48）cm长，反面行收针。
缝合。

花样B

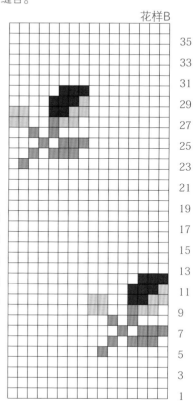

花样A

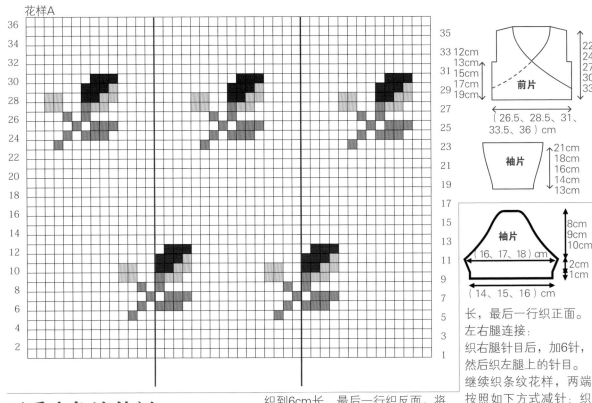

前片

（26.5、28.5、31、33.5、36）cm

22cm
24cm
27cm
30cm
33cm

袖片

21cm
18cm
16cm
14cm
13cm

袖片

8cm
9cm
10cm

（16、17、18）cm

2cm
1cm

（14、15、16）cm

长，最后一行织正面。
左右腿连接：
织右腿针目后，加6针，然后织左腿上的针目。
继续织条纹花样，两端按照如下方式减针：织条纹花样（36、44、52）行，继续用浅灰色线织平针，一直到（12、14、16）cm长。

可爱小象连体衫

【编织密度】26针×34行=10cm²

【工　　具】3mm棒针

【材　　料】浅灰色线（50g、50g、80g），绿色线（50g、50g、50g），浅绿色线（50g、50g、50g），浅黄色线（50g、50g、50g）

【编织要点】

后片左腿：
用浅灰色线起织（26、30、32）针，织4行双罗纹。然后织条纹花样一直到（2.5、3、3.5）cm长，按照如下方式左边缘减针。

3个月：每8行和10行交替减1针减9次。

6个月：每8行和10行交替减1针减10次。

12个月：每10行减1针减10次。

同时，在织完4行双罗纹花样后，右边缘按照如下方式加针：每4行加1针加3次，每2行加1针加4次，加1针加2次。当左腿

织到6cm长，最后一行织反面，将所有针目移到大别针上。

后片右腿：
和左腿相同的方式，但是加减针在相反的方向。当右腿织到6cm

2.5cm 10cm
3cm   11cm
3.5cm 12cm

前片

（22、24、26）cm

4cm
6cm
7cm
8cm

22cm
26cm
30cm

3cm
2.5cm
3cm

（10、11、12）cm

2.5cm 10cm
3cm   11cm
3.5cm 12cm

后片

10cm
11cm
12cm

22cm
26cm
30cm

12cm
15cm
18cm

3cm
2.5cm
3cm

3.5cm（10、11、12）cm   3.5cm

后片开口的编织：

当后片织到（18、21、24）cm长，下一行，右边正中间收4针，继续左、右两边分开织。

后片袖窿位置的编织：

当后片织到（28、32、36）cm长，继续织条纹花样，每一个反面行按照如下方式在左边缘减针：减3针1次，减2针1次，减1针4次。一共剩下（18、21、23）针。

后片肩部和领口位置的编织：

当后片织到（38、43、48）cm长，将剩下的（18、21、23）针收掉。另外一边用相同的方法，但是加减针在相反的方向。

前片：

和后片相同的织法，除了领口没有开口。

前片领口的编织：

当织到（34、39、44）cm长，下一个正面行，正中间收（10、14、16）针，然后继续两边分开织。每一个正面行按照如下方式在右边缘减针：减3针1次，减2针1次，减1针3次。

前片肩部的编织：

当织到（38、43、48）cm长，反面行左边缘收（7、8、9）针。另外一边用相同的方法，但是加减针在相反的方向。

右袖：

浅灰色线起织（36、38、42）针，织4行双罗纹花样。继续织平针，接下来两端分别加针。每2行加1针3次，共（42、44、48）针。

当袖子织到3cm长，接下来每行两端按照如下方式收针。

针对3个月：收2针2次，1针11次，2针1次。

针对6个月：收2针2次，1针12次，2针1次。

针对12个月：收2针2次，1针13次，2针1次。

一直织到（11、12、13）cm长，将剩下的（8、8、10）针收掉。

左袖：

用和右袖相同的方法织，但是用浅绿色线。

刺绣：

在前片（13、16、19）cm，正中间38针的位置，绣44行的花样A。缝合肩部。

衣领：

用浅灰色线绕领口挑织（62、66、70）针，织4行双罗纹花样。收针。

后片开口衣襟：

用浅灰色线，绕领口和后片开口挑织（72、80、88）针，织4行双罗纹花样。第1行反面织，以3针上针开始（扣眼位置在第2行）。

花样A

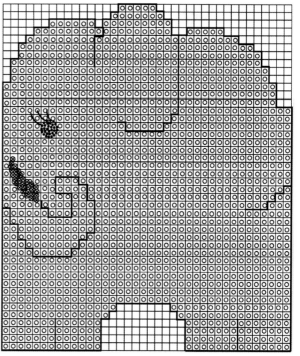

俏皮螃蟹图案圆领衫

【成品规格】衣长40cm，胸围72cm，袖长34cm
【编织密度】22针×28行＝10cm²
【工　　具】10号棒针、12号棒针
【材　　料】蓝色线300g，黑色线及粉色线少许
【编织要点】

后片：
用12号棒针起80针织单罗纹12行，换10号棒针织下针，织50行开挂肩，腋下各平收4针，再依次减针，织38行，将中心的24针平收，分开织左、右片并在领窝边缘各减针2针，肩平收。

前片：
起针及织法同后片。织20行开始织入花样A，挂肩织28行后开始织领口，先平收中心8针，分开织左、右片并在领边缘按图示减针，减针完成后平织4行将肩部针数平收。

袖片：
从袖山往下织。起14针按图示依次加针织出袖山，袖宽织到58针时开始织袖筒，两边按图示减针，织62行换12号棒针织单罗纹12行平收。

领片：
缝合各部分，沿领窝挑60针织单罗纹12行平收。完成。

08

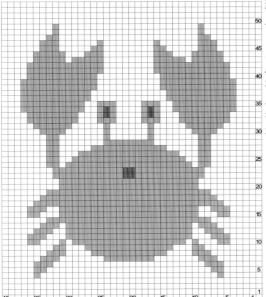

领片
12号棒针织单罗纹
4cm（12行）
挑60针

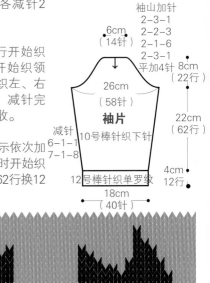

袖山加针
2-3-1
2-2-3
2-1-6
2-3-1
平加4针
6cm（14针）
26cm（58针）
8cm（22行）
袖片
10号棒针织下针
减针
6-1-1
7-1-8
22cm（62行）
4cm
12行
18cm（40针）
12号棒针织单罗纹

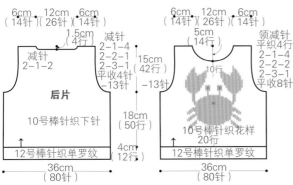

6cm（14针）　12cm（26针）　6cm（14针）
1.5cm（4行）
减针
2-1-4
2-2-1
2-3-1
平收-13针
减针
2-1-2
15cm（42行）
后片
10号棒针织下针
18cm（50行）
4cm（12行）
36cm（80针）
12号棒针织单罗纹

6cm（14针）　12cm（26针）　6cm（14针）
5cm（14行）
领减针
平织4行
2-1-4
2-2-2
2-3-1
平收8针
10行
10号棒针织花样20行
36cm（80针）
12号棒针织单罗纹

花样A

可爱娃娃图案圆领衫

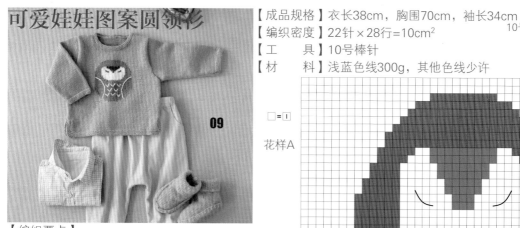

09

【成品规格】衣长38cm，胸围70cm，袖长34cm
【编织密度】22针×28行=10cm²
【工　　具】10号棒针
【材　　料】浅蓝色线300g，其他色线少许

领片　　2cm
10号棒针织起伏针（6行）

挑72针

□ = ┃

花样A

【编织要点】

后片：
起77针织起伏针6行后，两个侧边各3针，继续织14行起伏针，中间71针织下针。织64行开挂肩，腋下各平收4针，再依次减针，织38行将中心27针平收，分开织左、右片，并在领边缘各减2针，肩平收。

前片：
起针及织法同后片。织28行开始织入花样A，挂肩织22行后开始织领口，先平收中心9针，分开织左、右片并

在领边缘按图示减针，减针完成后平织6行将肩部针数平收。

袖片：
从袖山往下织。起14针按图示依次加针织出袖山，袖宽织到58针时开始织袖筒，两边按图示减针，织68行后织6行起伏针平收。

领片：
缝合各部分，沿领窝挑72针织起伏针6行平收。最后绣上装饰线，完成。

（花样A图表，刻度标示 40 35 30 25 20 15 10 5 1 横向，1 5 10 15 20 25 30 35 40 45 纵向）

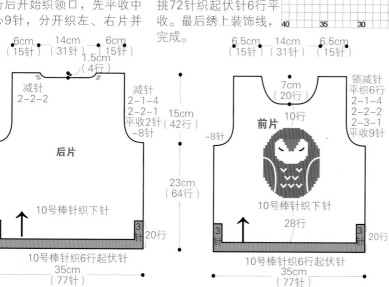

后片
6cm（15针）　14cm（31针）　6cm（15针）
1.5cm（4行）
减针 2-2-2
减针 2-1-4 2-2-1 平织2针（42行）-8针
15cm（42行）
23cm（64行）
后片
10号棒针织下针
3针
20行
10号棒针织6行起伏针
35cm（77针）

前片
6.5cm（15针）　14cm（31针）　6.5cm（15针）
7cm（20行）
10行
领减针 平织6行 2-1-4 2-2-2 2-3-1 平收9针
-8针
前片
10号棒针织下针
28行
3针
20行
10号棒针织6行起伏针
35cm（77针）

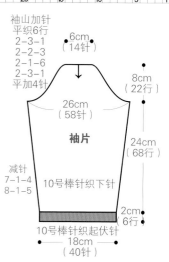

袖片
袖山加针 平织6行 2-3-1 2-3-2 2-1-6 2-3-1 平加4针
6cm（14针）
8cm（22行）
26cm（58针）
袖片
10号棒针织下针
24cm（68行）
减针 7-1-4 8-1-5
2cm 6行
18cm（40针）
10号棒针织6行起伏针

卡通小鸟图案圆领衫

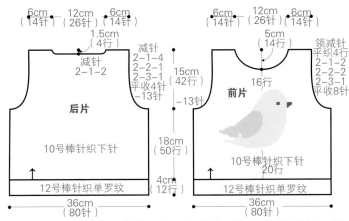

后片图示标注：
6cm（14针）12cm（26针）6cm（14针）
1.5cm（4行）
减针 2-1-2
减针 2-1-4 2-2-1 2-3-1 平收4针 -13针
15cm（42行）
-13针
后片
10号棒针织下针
18cm（50行）
4cm（12行）
12号棒针织单罗纹
36cm（80针）

前片图示标注：
6cm（14针）12cm（26针）6cm（14针）
5cm（14行）
16行
领减针 平织4行 2-1-1 2-2-2 2-3-1 平收8针
前片
10号棒针织下针 20行
12号棒针织单罗纹
36cm（80针）

【成品规格】衣长40cm，胸围72cm，袖长34cm
【编织密度】22针×28行=10cm²
【工　　具】10号棒针、12号棒针
【材　　料】浅蓝色线300g，其他色线少许
【编织要点】

后片：
用12号棒针起80针织单罗纹12行，换10号棒针织下针，织50行开始织入花样A

花样A

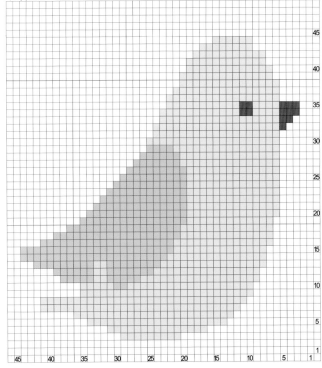

行开挂肩，腋下各平收4针，再依次减针，织38行将中心的24针平收，分开织左、右片并在领窝边缘各减针2针，肩平收。

前片：
起针及织法同后片，织20行开始织入花样A，挂肩织28行后开始织领口，先平收中心8针，分开织左、右片并在领边缘按图示减针，减针完成后平织4行将肩部针数平收。

袖片：
从袖山往下织，起14针按图示依次加针织出袖山，袖宽织到58针时开始织袖筒，两边按图示减针，织62行后换12号棒针织单罗纹12行平收。

领片：
缝合各部分，沿领窝挑60针织单罗纹12行平收。最后用黑色线绣上爪子，完成。

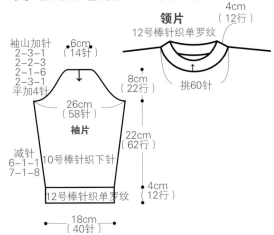

袖片图示标注：
袖山加针 2-3-1 2-2-3 2-1-6 2-1-1 平加4针
6cm（14针）
26cm（58针）
袖片
10号棒针织下针
22cm（62行）
减针 6-1-1 7-1-8
18cm（40针）
4cm（12行）
12号棒针织单罗纹

领片图示标注：
领片
4cm（12行）
12号棒针织单罗纹
8cm（22行）
挑60针

22

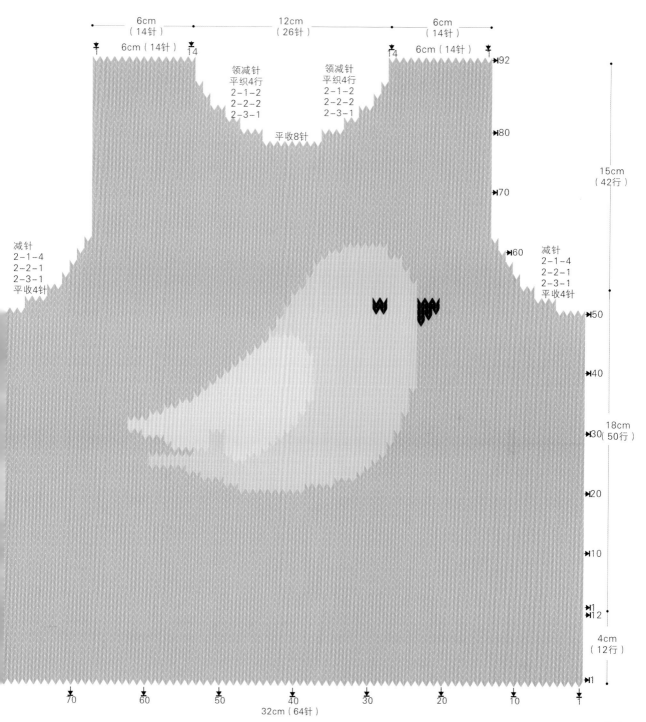

6cm
(14针)

12cm
(26针)

6cm
(14针)

6cm（14针）

14

6cm（14针）

14

14

92

领减针
平织4行
2-1-2
2-2-2
2-3-1

领减针
平织4行
2-1-2
2-2-2
2-3-1

80

平收8针

70

15cm
(42行)

减针
2-1-4
2-2-1
2-3-1
平收4针

60

50

减针
2-1-4
2-2-1
2-3-1
平收4针

40

30

18cm
(50行)

20

10

1
12

4cm
(12行)

1

70   60   50   40   30   20   10

32cm（64针）

23

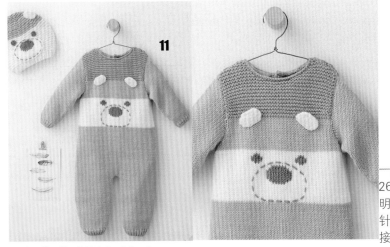

儿童年龄	衣服长度
新生儿	52cm
3个月	60cm
6个月	67cm
12个月	74cm

可爱小熊连体衣

【编织密度】3.5mm棒针的密度：23针×48行=10cm²

4mm棒针的密度：23针×30行=10cm²

【工　　具】3.5mm棒针、4mm棒针

【材　　料】浅灰色线（100g、100g、100g、150g），
白色线和蓝色线各50g

【针法说明】

右边减1针的方法：1针下针，左上2针并1针。

左边减1针的方法：织到最后3针，右上2针并1针，1针下针。

【编织要点】

后片：

新生儿用3.5mm棒针，浅灰色线，起织（24、24、26、30）针，织2cm长的单罗纹花样。最后1行用记号扣标记。换成4mm的棒针，织平针。

3个月和6个月：第1行加1针，共（24、25、27、30）针。接下来两端边缘加针：每（8、12、14、18）行加1针加2次，共（28、29、31、34）针。接下来不加针不减针一直到距离记号扣标记位置（9.5、13、16、19）cm，将针目移到大别针上。然后按照相同的方法织另外一只腿。第2只腿最后一行加3针，然后将第1条腿的针目移到一起。共（59、61、65、71）针。

接下来不加针不减针一直到距离记号扣标记位置（16、20.5、24.5、28.5）cm，开始分成2片分别织。

左边（26、27、29、32）针移到1个大别针上，开始继续织右边的（33、34、36、39）针。接下来不加针不减针

一直到距离记号扣标记位置（17.5、22、26、30）cm，右边缘减1针（参考针法说明）。然后每（18、20、22、24）行减1针减1次，共（31、32、34、37）针。

接下来不加针不减针一直到距离记号扣标记位置（21.5、26.5、31.5、36.5）cm，换成白色线织24行平针。

接下来换成浅灰色线不加针不减针一直到距离记号扣标记位置（30、35、40、45）cm，开始分袖窿，右边缘，收3针1次，收2针1次，收1针2次，共（24、25、27、30）针。

接下来不加针不减针一直到距离记号扣标记位置（34.5、40、44.5、50）cm，换成蓝色线和3.5mm棒针，然后全部织下针。接下来不加针不减针一直到距离记号扣标记位置（40、46、52、58）cm，开始调整肩部。

袖窿边缘，开始收针。

新生儿和3个月：收3针1次，收4针2次。

6个月：收4针3次。

12个月：收4针1次，收5针2次。

同时调整领口：领口边缘收8针1次，然后收（5、6、7、8）针1次。

然后换成4mm棒针，用浅灰色线，起织7针，挑织大别针上（26、27、29、32）针，按照相同的方式织左边衣身片。

前片：

和后片相同的织法。织（59、61、65、71）针，一直到距离记号扣标记位置（17.5、22、26、30）cm，两端各减1针（参考针法说明）。然后每（18、20、22、24）行减1针减1次，共（55、57、61、67）针。

同时，一直到距离记号扣标记位置（21.5、26.5

31.5、36.5）cm，换成白色线织平面针，织24行，接下来换成浅灰色线。

一直到距离记号扣标记位置（30、35、40、45）cm，开始分袖窿，两端各收3针1次，收2针1次，收1针2次，共（41、43、47、53）针。

一直到距离记号扣标记位置（34.5、40、44.5、50）cm，换成蓝色线和3.5mm棒针，然后全部织下针。

一直到距离记号扣标记位置（38、44、59、55）cm，开始进行领口调整。

正中间收（5、7、9、9）针，然后分成左、右两边，分别开始领口边缘收针。

新生儿、3个月、6个月：收3针1次，收2针1次，收1针1次，然后每4行收1针1次。

12个月：收3针1次，收2针1次，收1针3次。

一直到距离记号扣标记位置（40、46、52、58）cm，开始调整肩部，袖窿边缘，收针。

新生儿、3个月：收3针1次，收4针2次。

6个月：收4针3次。

12个月：收4针1次，收5针2次。

袖片：

用3.5mm棒针，浅灰色线，起织（34、36、38、40）针，织1.5cm长的单罗纹花样，最后一行用记号扣标记。

然后换成4mm棒针织平面针。

接下来两端分别开始加针：

新生儿：每4行加1针加6次。

3个月：每4行加1针加4次，每6行加1针加3次。

6个月：每4行加1针加4次，每6行加1针加4次。

12个月：每4行加1针加2次，每6行加1针加7次，共（46、50、54、58）针。然后不加针不减针

一直到距离记号扣标记位置（9、13.5、15.5、18.5）cm，接下来开始斜面调整：两端分别收针。

新生儿：收4针1次，收3针1次，收1针2次，收3针1次，收4针1次。

3个月：收4针1次，收3针1次，收2针2次，收3针1次，收4针1次。

6个月：收5针1次，收3针1次，收2针2次，收3针1次，收5针1次。

12个月：收5针1次，收4针1次，收2针2次，收4针1次，收5针1次。

然后不加针不减针一直到距离记号扣标记位置（13、17.5、19.5、22.5）cm长，将剩下的14针收掉。

用相同的方法织另外一只袖子。

耳朵：

用3.5mm棒针，白色线，起织10针，然后织4行全低针。

然后两端分别减针：接下来1行减1针1次，接下来2行减1针1次。然后收剩下的6针。缝合。

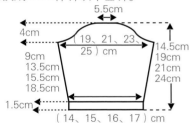

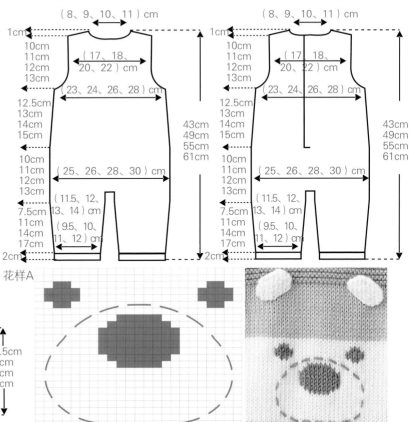

花样A

毛衣大小	62cm	68cm	74cm	80cm	86cm
下摆宽	25cm	27cm	29cm	31cm	33cm
领口宽	13cm	13cm	13cm	14cm	14cm
后领深	1cm	1cm	1cm	1cm	1cm
前领深	4cm	4cm	5cm	5cm	6cm
肩宽	4cm	5cm	5.5cm	6cm	6.5cm
肩高	1cm	1cm	1cm	1cm	1cm
背缝长度	7cm	7cm	7cm	7cm	7cm
袖窿宽	2cm	2cm	2.5cm	2.5cm	3cm
袖窿高	12cm	12cm	13cm	14cm	15cm
整个的高	30cm	32cm	34cm	36cm	38cm
袖子					
腋下长度	14cm	15cm	17cm	19cm	21cm
袖子低长度	17cm	17cm	18cm	20cm	20cm
袖子高长度	22cm	22cm	25cm	28cm	30cm
总长度	18cm	19cm	21cm	23cm	25cm

温暖熊猫图案毛衣

【编织密度】28针×36行=10cm²
【工　　具】3mm棒针、3.25mm棒针
【材　　料】西瓜红色线（150g、175g、175g、200g、200g）、白色线25g、浅灰色线25g、粉色线25g、紫色线25g
【编织要点】
棒针编织法：从下往上编织，衣片由前片、后片和袖片组成。
后片：
用3.25mm棒针，西瓜红色线，起织（73、79、83、89、95）针，织平针一直到（13、15、16、17、18）cm长，接下来开始分袖窿，接下来2行起始各收（3、3、4、4、5）针，接下来每2行减2针减1次，接下来每2行减1针减1次。剩下（61、67、69、75、79）针。继续不加针不减针织一直到（18、20、22、24、26）cm。

后片背缝：织开始的（27、30、31、34、36）针，然后起织7针作为背缝，共（34、37、38、41、43）针移到大别针上留着不织。然后继续织花样一直到（25、27、29、31、33）cm。肩部右边缘收针（5、6、5、7、7）针，然后每2行收（4、5、6、6、7）针2次。同时左边缘收（11、11、11、12、12）针，接下来2行后收10针。左边大别针上的针目按照相同的方式织（34、37、38、41、43）针。
后片下摆编织：
用3.25mm棒针，白色线，起织（73、79、83、89、95）针，反面织1行下针，织3行平面针，然后将所有针目移到大别针上。将后片起针行的废线移除，挑织（73、79、83、89、95）针。
接下来用粉色线反面织1行上针，换成3mm棒针，接下来织双罗纹花样，用白色线，第1行均匀减（3、1、1、3、1）针，共（70、78、82、86、94）针。
白色线1行，西瓜红色线2行，粉色线6行。紫色线2行，西瓜红色线2行。断线。
前片：
和后片相同的处理，织6行西瓜红色线，接下来1行中间的35针织熊猫图案，继续不加针不减针织一直到（13、15、16、17、18）cm。接下来和后片相同的方式分袖窿（61、67、69、75、79）针。

继续不加针不减针织一直到（22、24、25、27、28）cm。接下来一行中间收（13、13、13、15、15）针作为领口，接下来两边领口边缘每2行收4针收1次，每2行收3针1次，每2行收2针1次，每2行收1针2次。一共（25、27、29、31、33）cm长。

前片下摆的编织：和后片的织法一致。

袖片：

用3.25mm棒针，西瓜红色线，起织（50、50、54、58、58）针，每6行结尾加1针加（2、4、3、3、0）次，每4行结尾加1针加（5、3、6、8、14）次，一共（64、64、72、80、86）针，继续不加针不减针织一直到（10、11、13、1、17）cm。接下来2行开始各收（3、3、4、4、5）针，接下来每2行两端各收（4、4、4、5、5）针6次，然后将剩下的（10、10、16、12、16）针收掉。

袖子下摆的编织：

用3.25mm棒针，白色线起织（50、50、54、58、58）针，织3行平面针，然后将所有针目移到大别针上。将后片起针行的废线移除，挑织（50、50、54、58、58）针。

换成3mm棒针，接下来织双罗纹花样，白色线2行，西瓜红色线2行，粉色线6行。紫色线2行，西瓜红色线2行。 断线。

缝合：

缝好所有的接缝，把袖子缝好。

领片：

用3.25mm棒针， 起织（76、76、84、88、96）针，反面织1行下针，织4行平面针，换成3mm棒针，织双罗纹花样，2行白色线，2行西瓜红色线，2

行粉色线，2行紫色线，1行西瓜红色线。

第1行正面镶边针，2针下针，用西瓜红色线收针。

将领片缝合到领口上。

缝合白色纽扣到熊猫图案做眼睛。

缝合3个纽扣到背缝上，纽扣间相隔3cm。

花样A

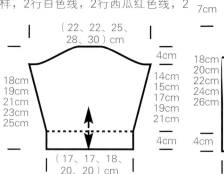

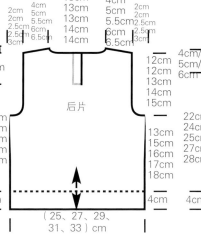

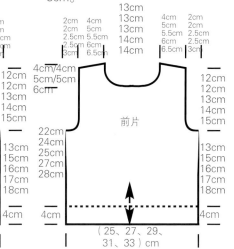

13

一共（28、30、32）针，移到大别针上待用。

前片右腿：

和左腿相同的处理方式，相反的方向，从右往左。

连接两条腿，中间加9针，一共（65、69、73）针。

开始减针：两端同时减针，分别按照如下方式减：

0~3个月：每8行减1针减5次，每6行减1针减3次，减16针。

6个月：每8行减1针减8次，减16针。

1岁：每8行减1针减7次，每10行减1针减1次，减16针。剩下（49、53、57）针。

注意，同时再织完（38、42、46）行，即（13.5、15、16.5）cm长，用深褐色线织2行，然后继续用浅褐色线织。

一直到（26、28、30）cm长，开始分袖窿，两端同时各收3针1次，然后每2行各收2针1次，每2行各收1针1次。 剩下（37、41、45）针。一直到（32、35、38）cm长，开始领口收针。正中间收7针， 然后继续领口两边收针，每2行收3针1次，每2行收2针1次。 然后每2行收1针（2、3、4）次。 一直到（37、40、43）cm长，两边肩部各（8、9、10）针一起收掉。

后片：

相同的方式一直到领口，到（32、35、38）cm长，收中间的针目到（35.5、38.5、41.5）cm长，领口收针，两端分别收，收（5、6、7）针1次，接下来每2行收5针1次。 一直到（37、40、43）cm长，两边肩部各（8、9、10）针一起收掉。

袖片：

用3mm棒针起织（38、42、46）针，用浅褐色线，织6行双罗纹花样。

接下来换3.5mm棒针，用深褐色线，织条纹花样，第1行均匀减（2、4、6）针，剩下（36、38、40）针。

继续按照如下方式织条纹花样，用深褐色线织（8、10、12）行，褐色线织（10、12、14）行，浅褐色线织（10、12、12）行，铁锈红

可爱猫头鹰套头连体衣

【编织密度】21针×28行=10cm²

【工　　具】3mm棒针、3.5mm棒针、3mm钩针

【材　　料】浅褐色线（100g、100g、150g），褐色线（50g、50g、50g），深褐色线（50g、50g、50g），铁锈红色线（50g、100g、100g），大红色线（50g、50g、50g）

【编织要点】

这款的图案是织完后用缝衣针采用十字绣的方法绣上去的。

前片左腿：

用3.5mm棒针起织4针，用铁锈红色线，织平面针。 接下来按照如下方式右边加针：

0~3个月：每2行加4针1次，每2行加3针4次， 加16针。

6个月：每2行加4针3次，每2行加3针2次，加18针。

12个月：每2行加4针5次，加20针。

同时左边加针，针对所有尺寸，每2行加2针4次，加8针。

色线织（10、10、12）行，以大红色线结束。

同时，两端加针，每8行加1针加（4、5、6）针。一共（44、48、52）针。一直到（13.5、15.5、17.5）cm长，两端同时开始收针，3针1次，然后每2行2针3次，每2行3针1次。最后收剩下的（20、24、28）针。按照相同的方式织另外一只袖片。

口袋：
用3.5mm棒针，起织（14、16、18）针。用大红色线，织平面针，一直到（3.5、4、4.5）cm长。
换成3mm棒针，继续织双罗纹花样，第1行均匀加（4、2、4）针，织完2行后开始收（18、18、22）针。
按照相同的方式织另外一个口袋。

结束：
用3mm钩针，浅褐色线，5针锁针，钩1行短针作为后领口的开缝扣眼环。
用缝衣针，将猫头鹰绣在毛衣前面，从2行深褐色线开始，并将图案居中。

腿部下摆衣襟：
用3mm棒针，起织（26、30、34）针，褐色线，织6行双罗纹花样，然后移到大别针上。
然后再织3条相同的衣襟下摆，缝合衣襟下摆到腿的前片以及后片。

扣眼衣襟：
用3mm棒针，褐色线，起织58针，织6行双罗纹花样，然后移到大别针上。
按照相同的方式织另外一个，但是在第3行按照如下方式织5个扣眼：织4针下针（绕线加1针，左上2针并1针，10针）×4次，绕线加1针，左上2针并1针，4针。缝合衣襟。

领口衣襟：
起织（82、86、90）针，3mm棒针，褐色线，织6行的双罗纹花样。缝合到领口上。

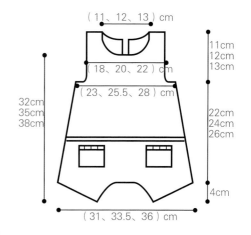

花样A

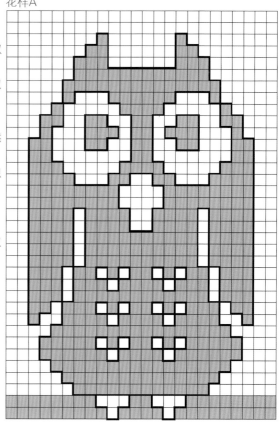

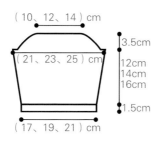

猫头鹰图案套头衫

14

【成品规格】衣长32cm，胸围60cm，
　　　　　　袖长20cm
【编织密度】18针×24行=10cm²
【工　　具】8号棒针、10号棒针
【材　　料】各色毛线300g，纽扣4颗
【编织要点】

后片：用咖啡色线10号棒针起56针织双
罗纹8行后织下针2行，换紫色线织下针
50行，再换10号棒针用湖蓝色线织双罗
纹，织10行后将中心的24针平收，两边
各织6针收针。

前片：起针及用线同后片。用紫色线开
始织猫头鹰图案，可按图解织，用紫色
线织52行后换10号棒针用湖蓝色线织双
罗纹，织8行后将中心22针平收，分开
织左右片并在领边缘各减1针，织8行两
边各开扣眼2个；织好后平收。

袖片：用橙色线10号棒针织双罗纹8行
再织2行下针，换紫色线8号棒针织下针
40行平收。缝合各片及纽扣，完成。

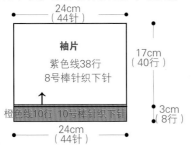

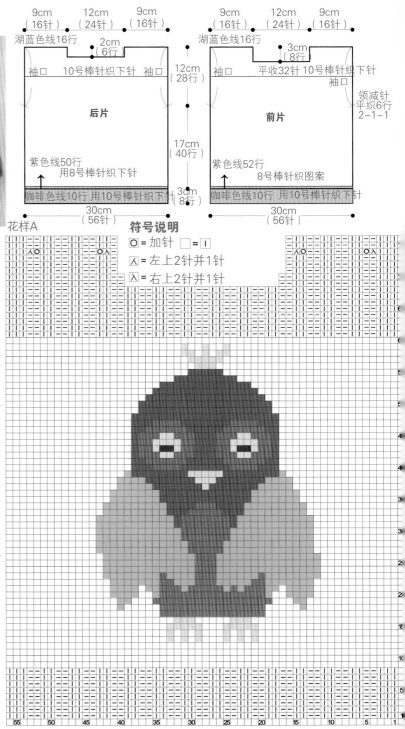

作品图案搭配参考

32

33

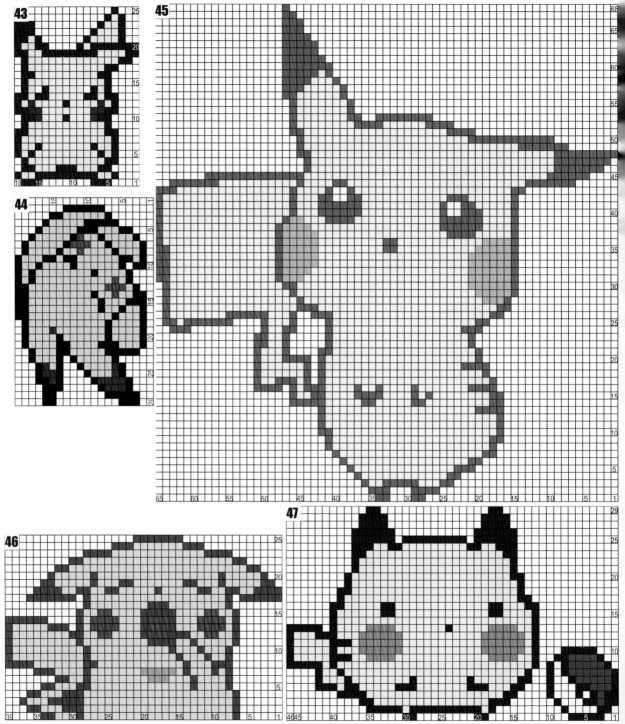

36

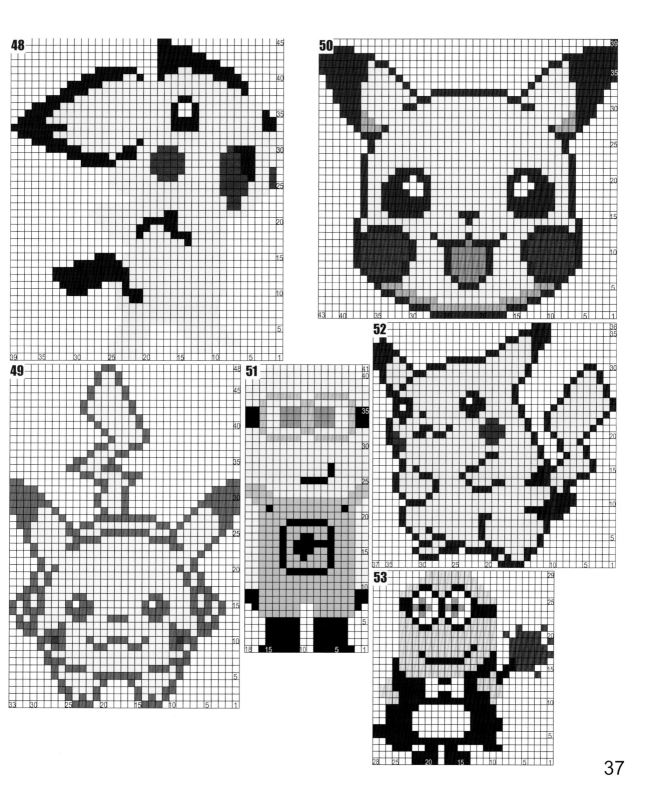

37

39

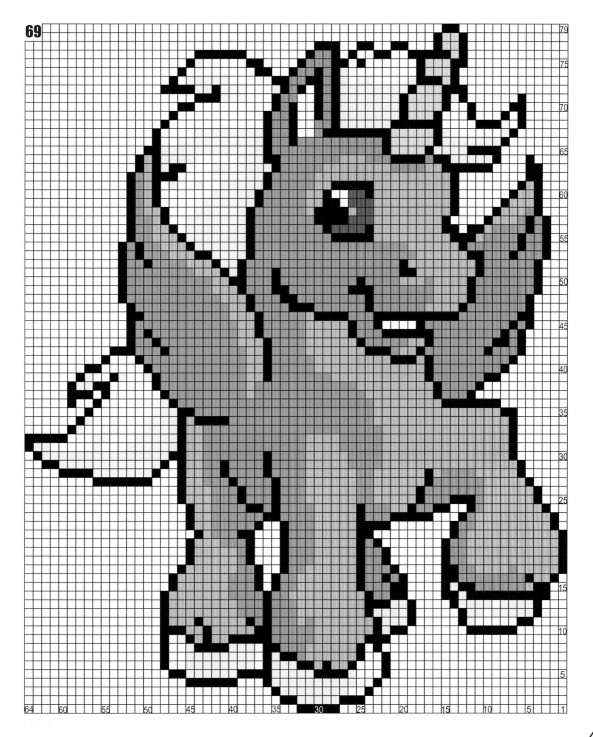

41

42

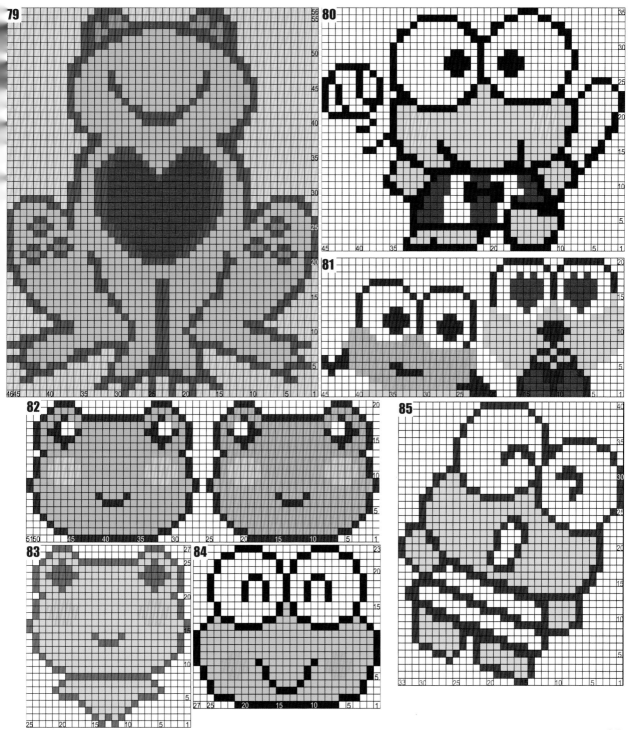

43

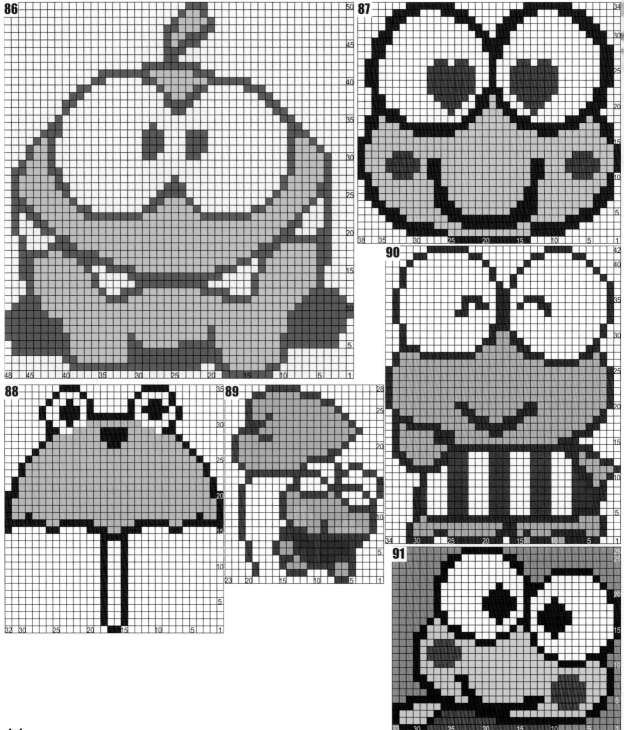

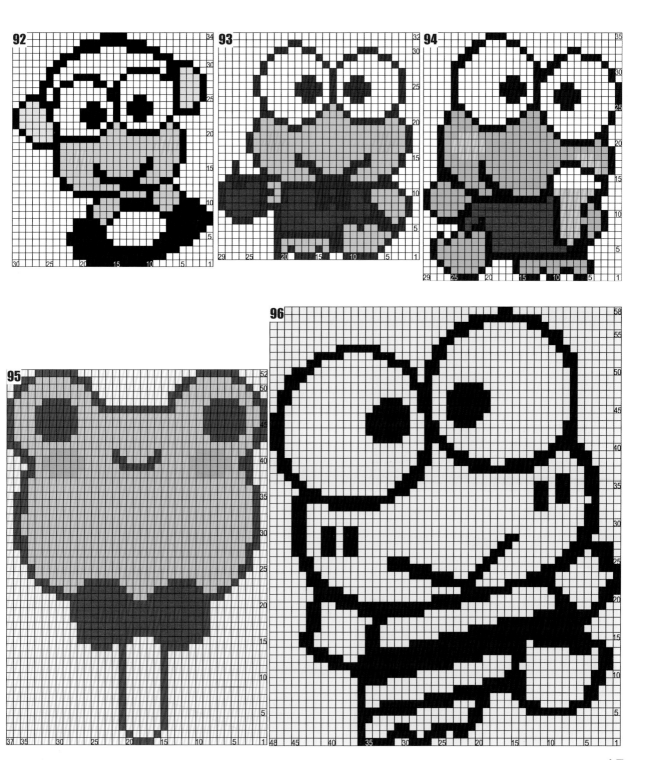

47

48

49

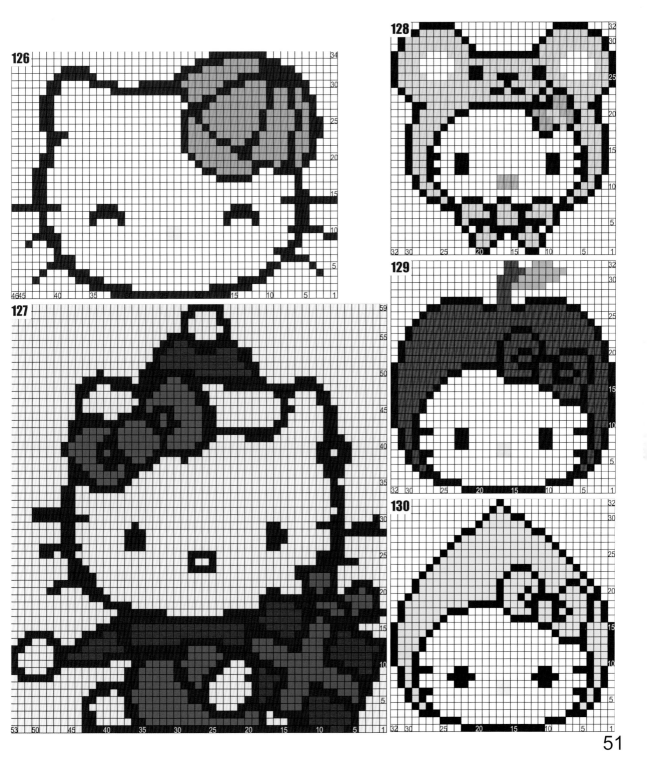

51

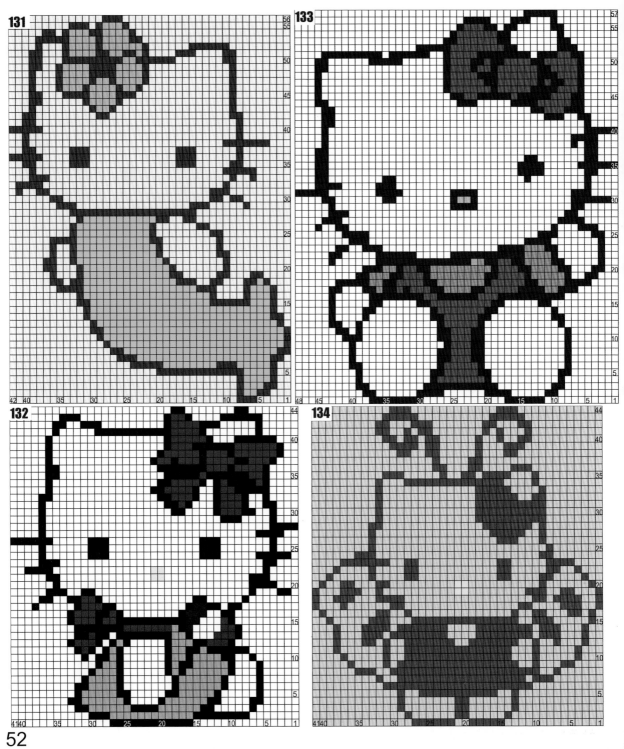

52

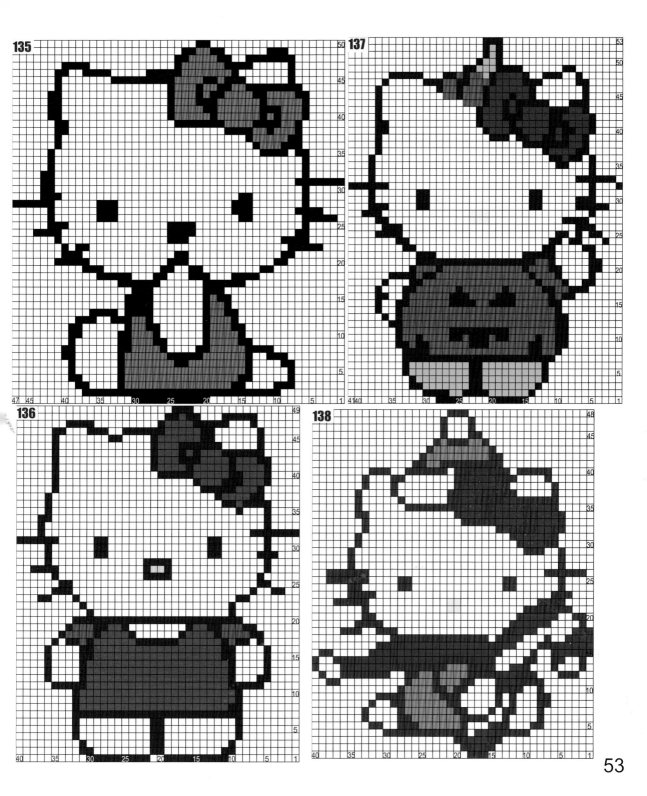

53

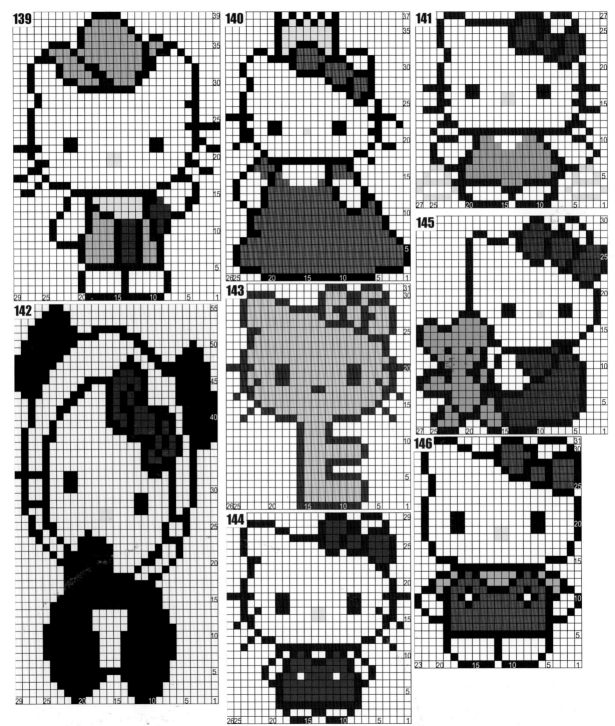

54

55

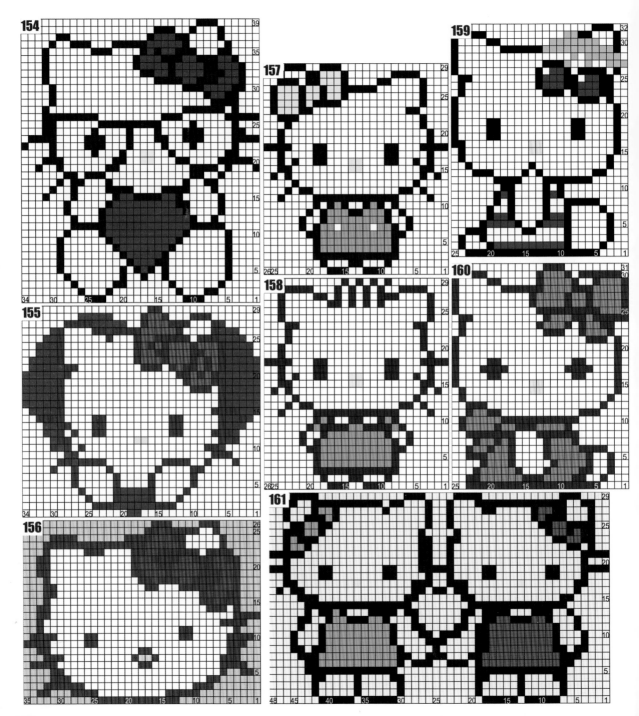

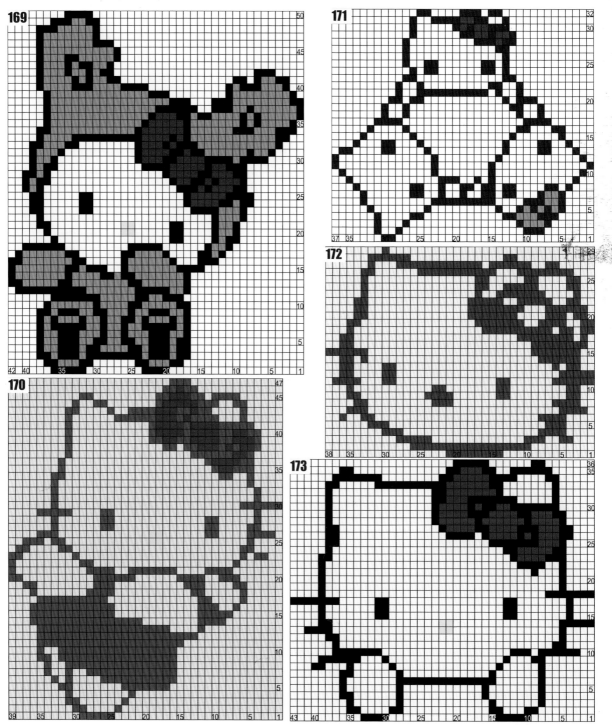

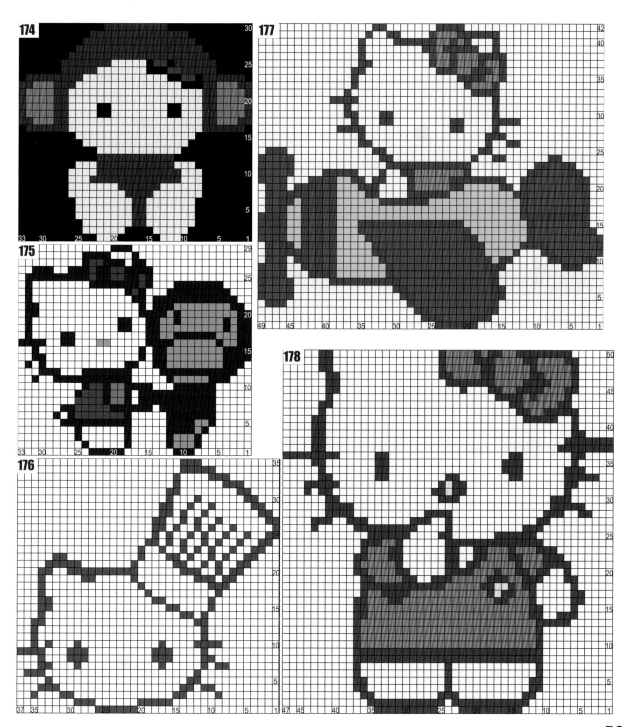

59

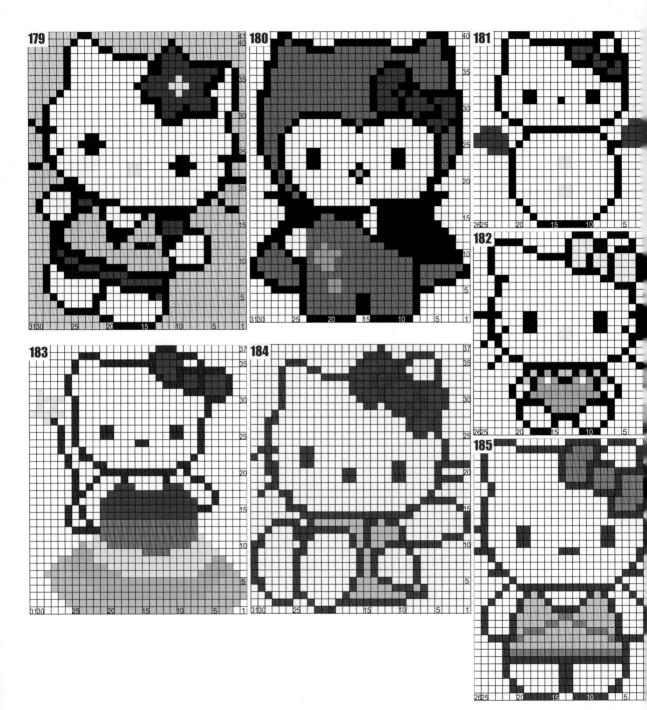

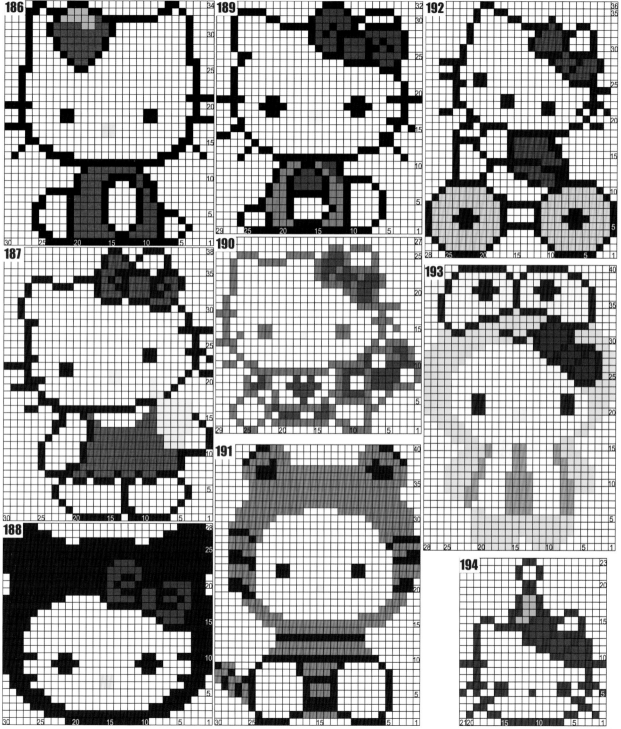

61

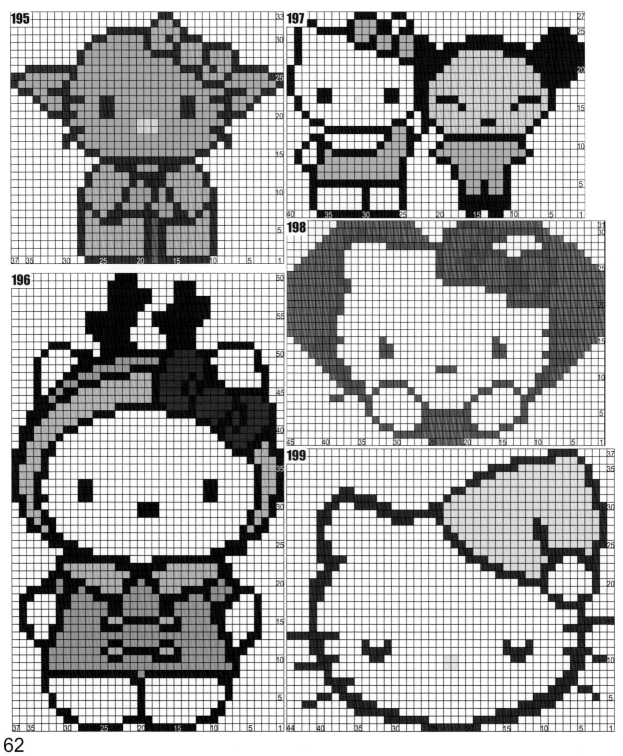

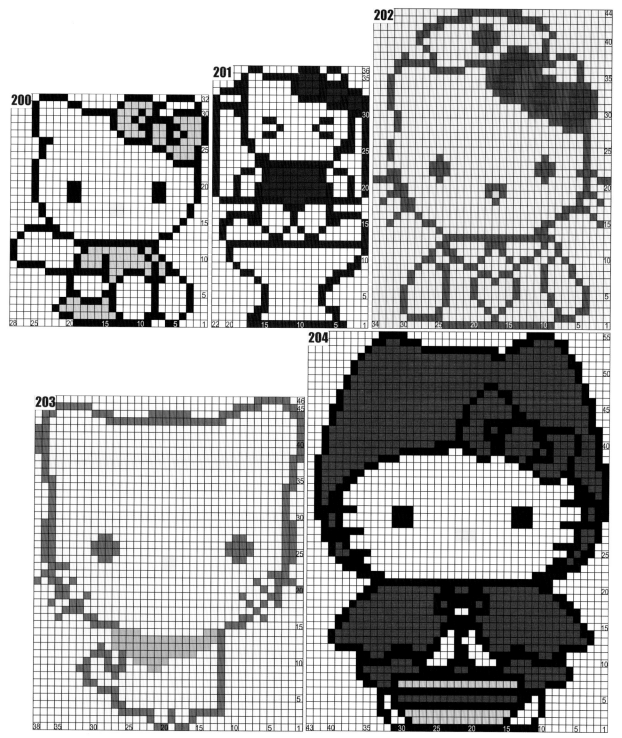

63

64

65

66

67

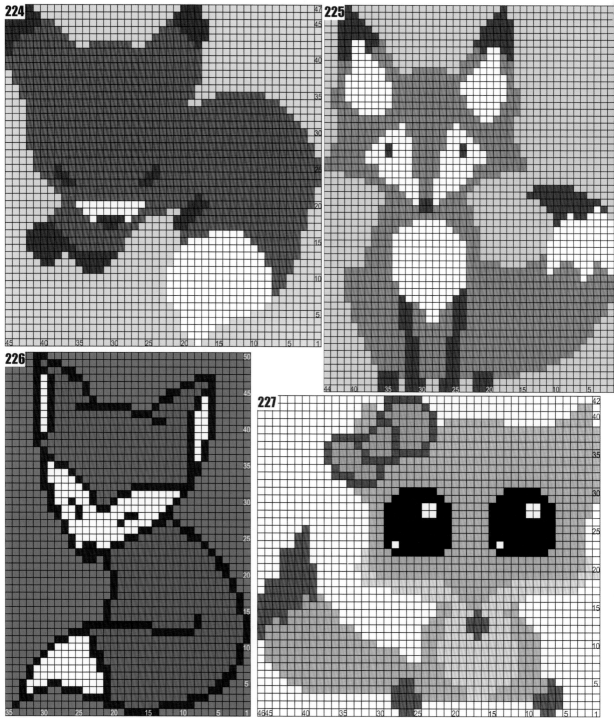

233

73

74

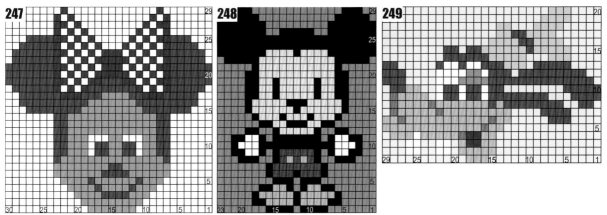

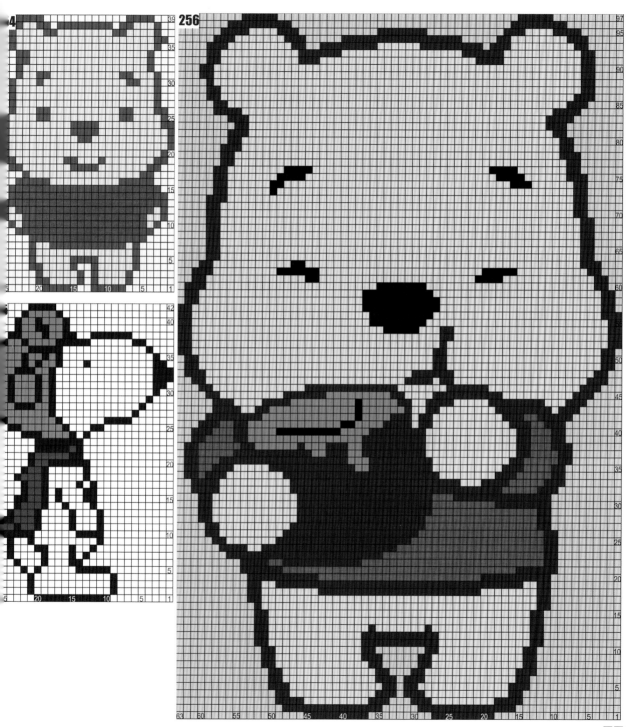

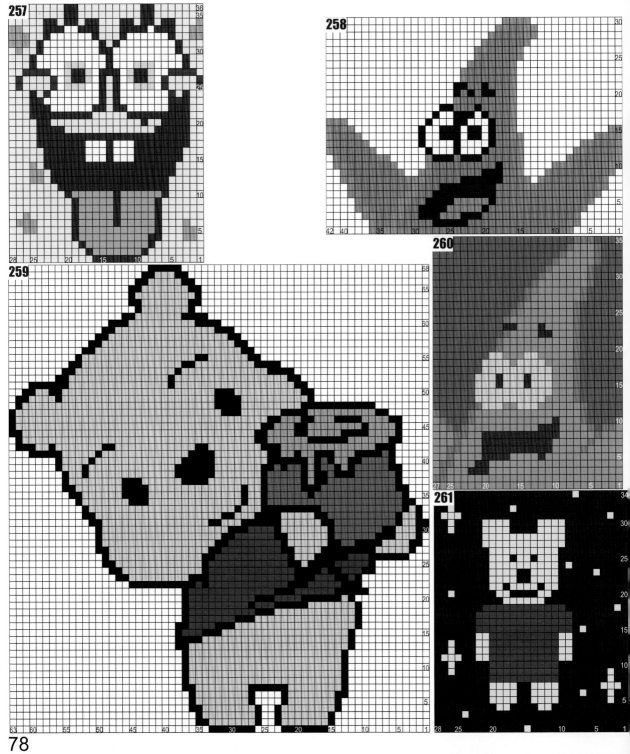

78

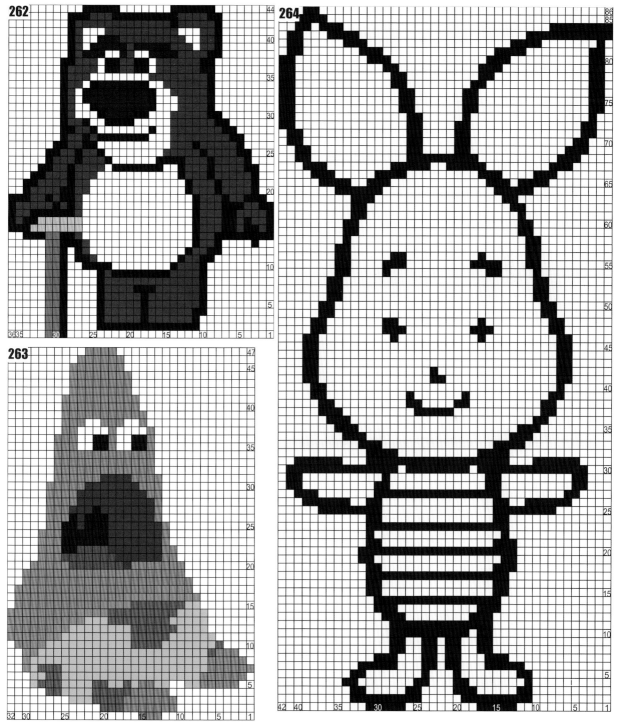

79

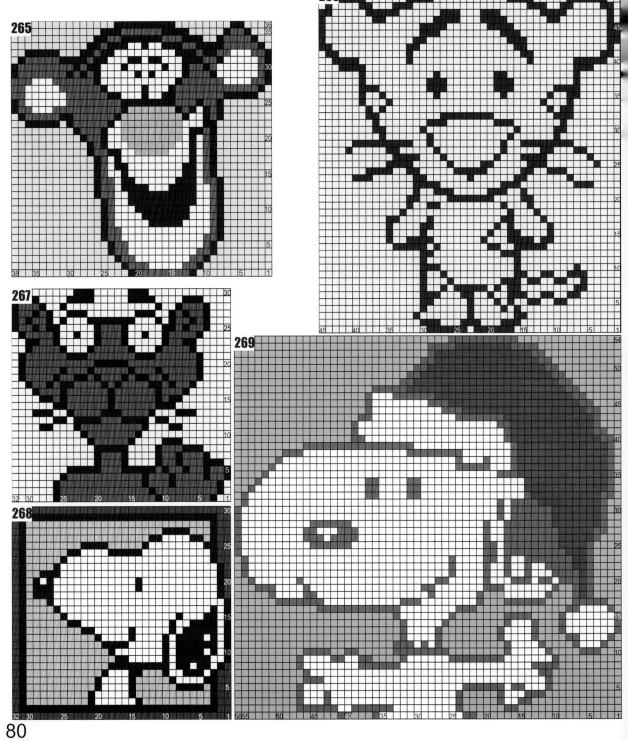

80

81

82

83

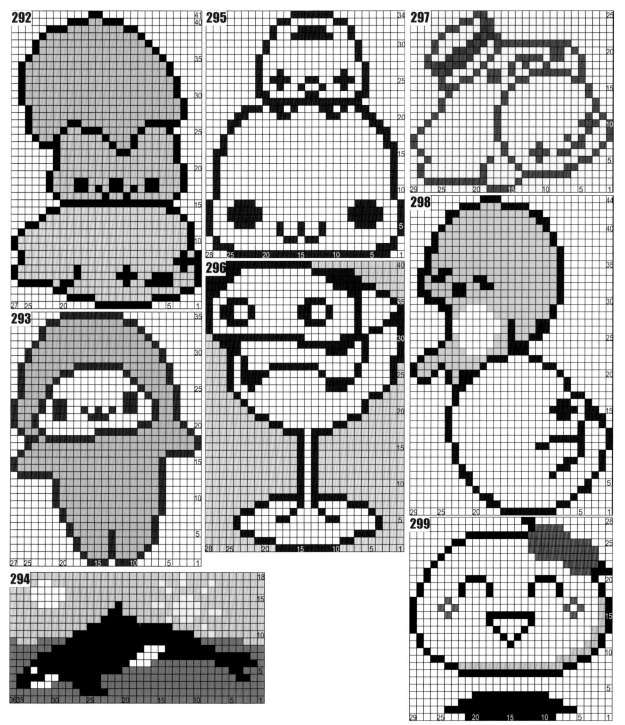

85

87

88

89

91

93

94

95

97

99

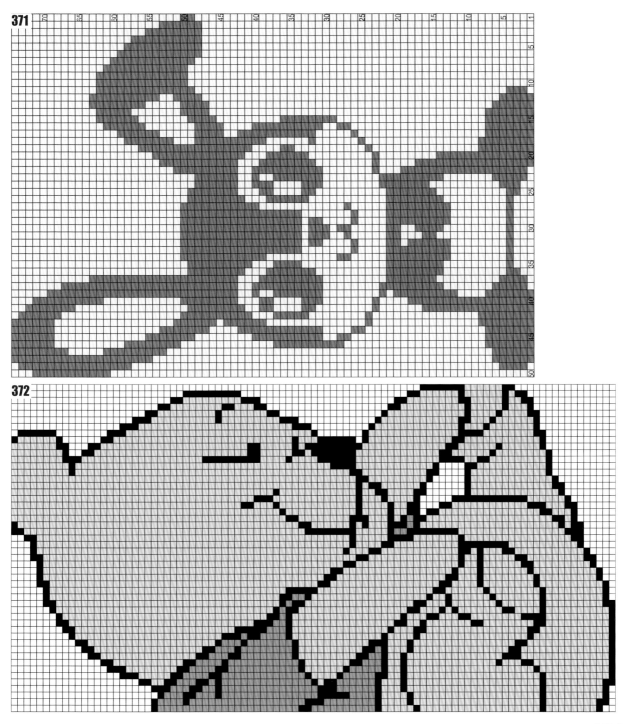

373

91
90

85

80

75

70

65

60

55

50

45

40

35

30

25

20

15

10

5

1

6160 55 50 45 40 35 30 25 20 15 10 5

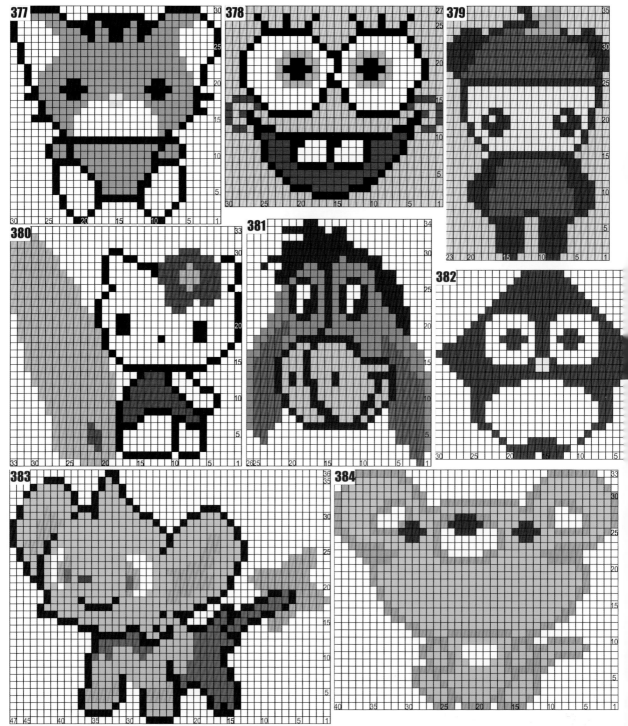

104

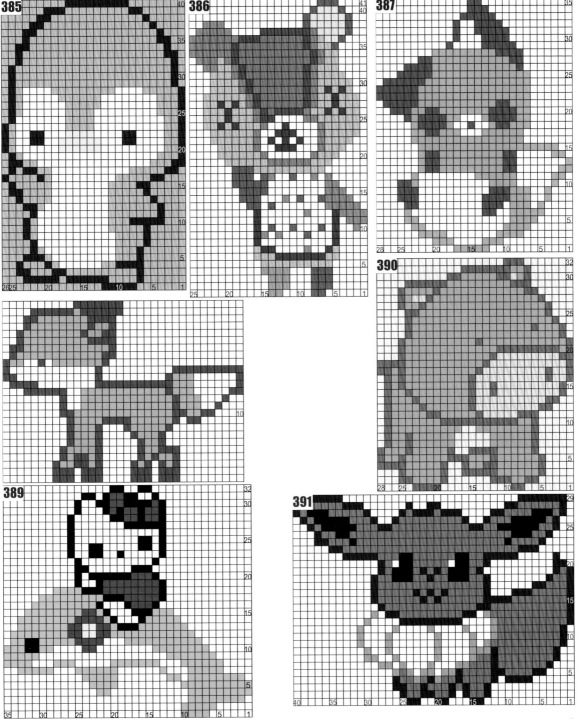

385 386 387 390 389 391

105

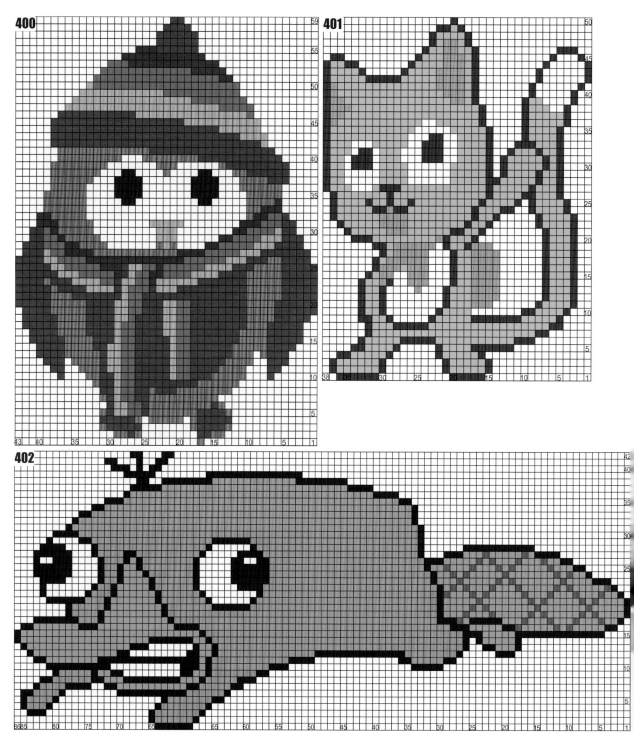

109

111

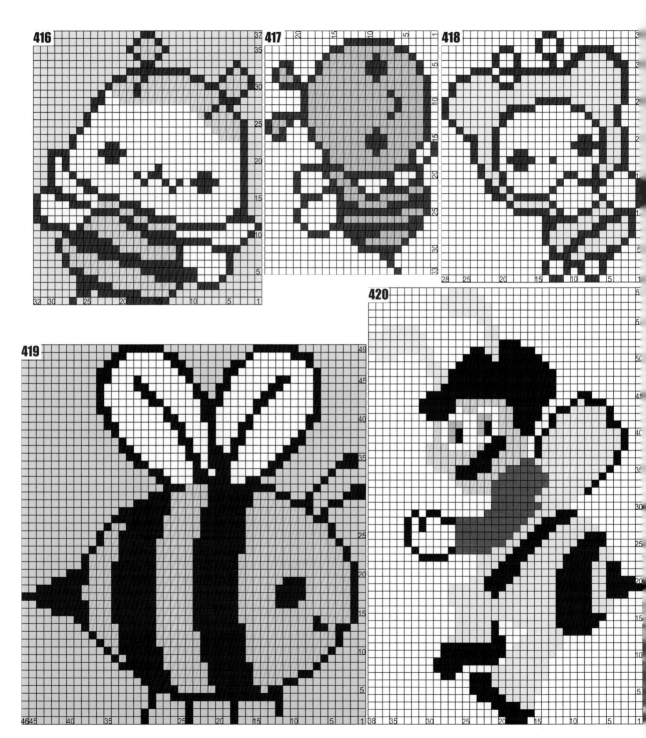

114

428

94
90
85
80
75
70
65
60
55
50
45
40
35
30
25
20
15
10
5
1

82 80   75   70   65   60   55   50   45   40   35   30   25   20   15   10   5   1

116

117

118

119

120

121

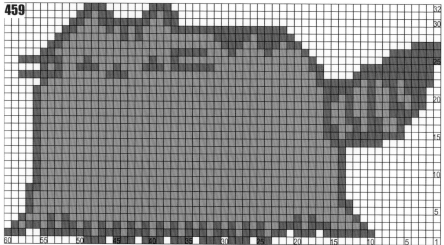

122

123

124

125

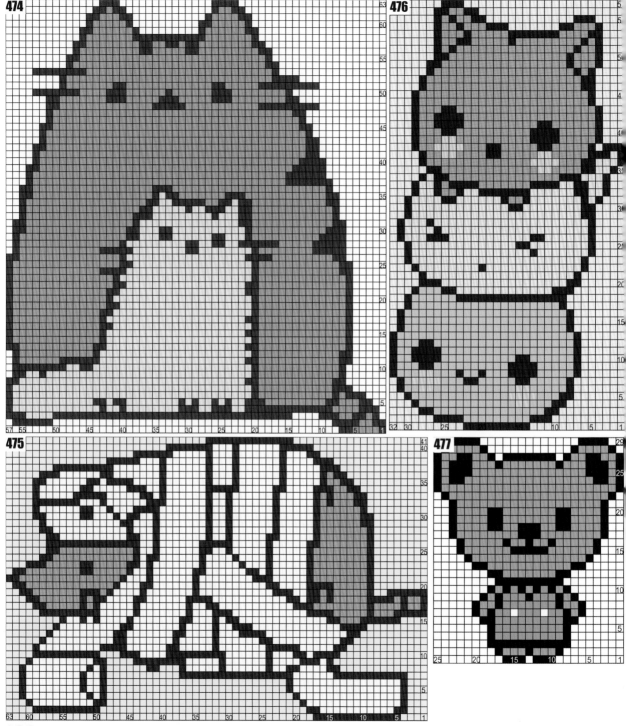

126

127

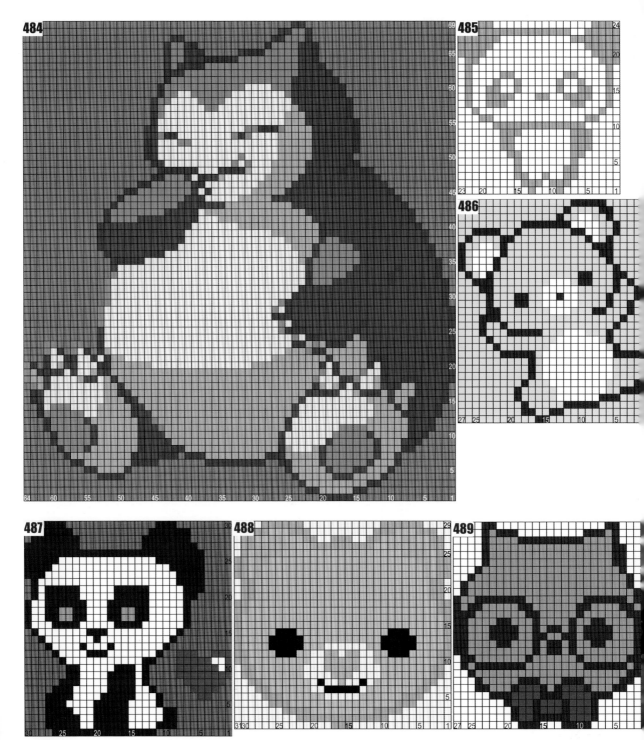

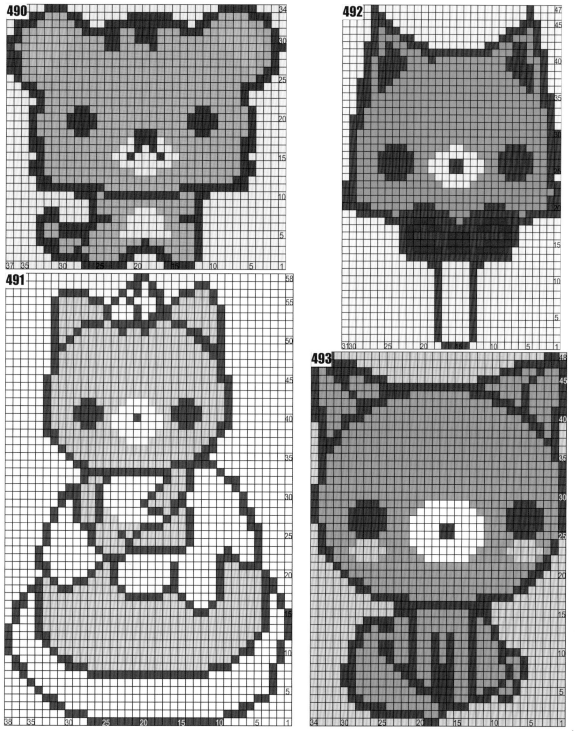

129

130

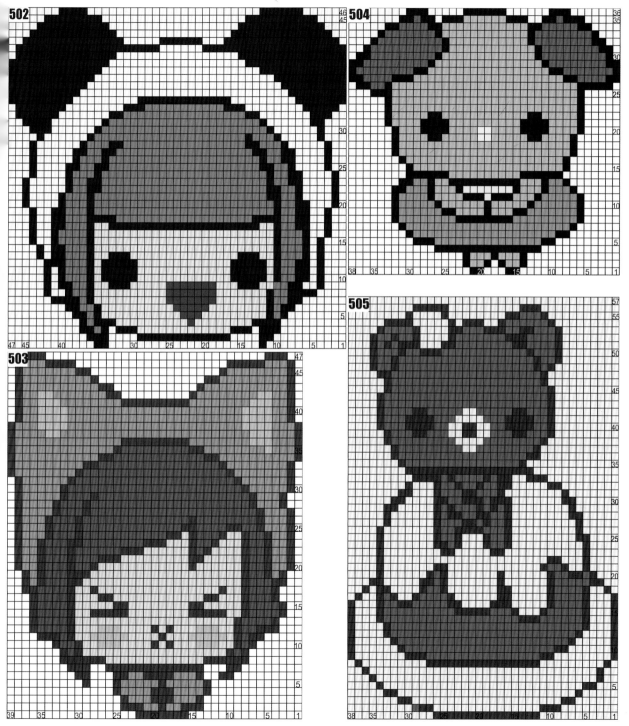

131

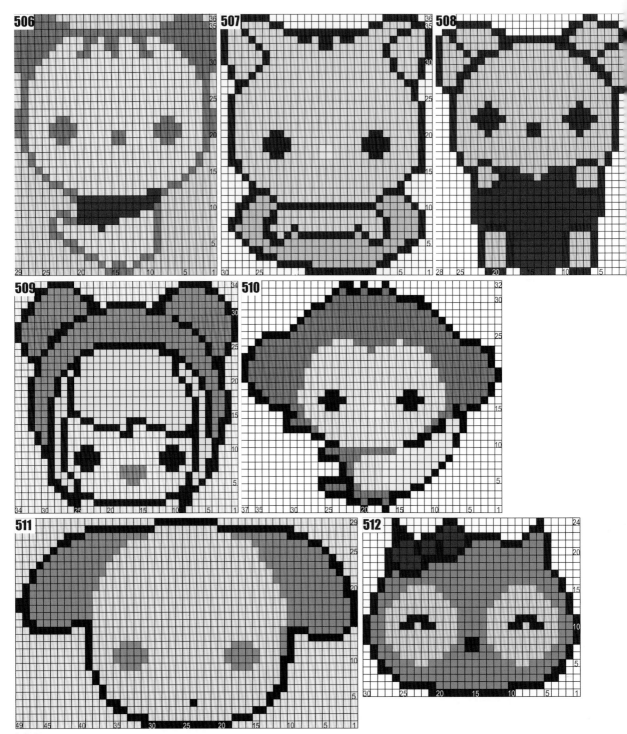

132

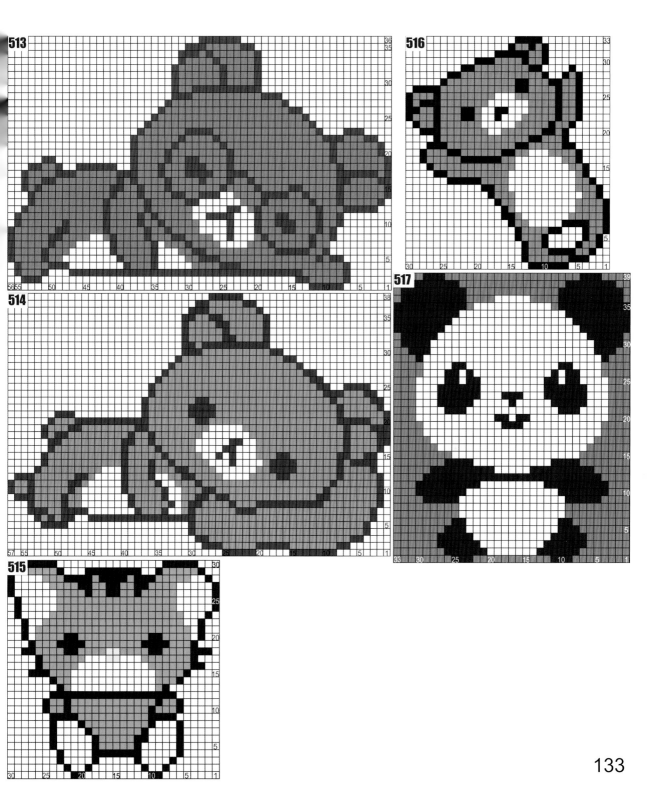

133

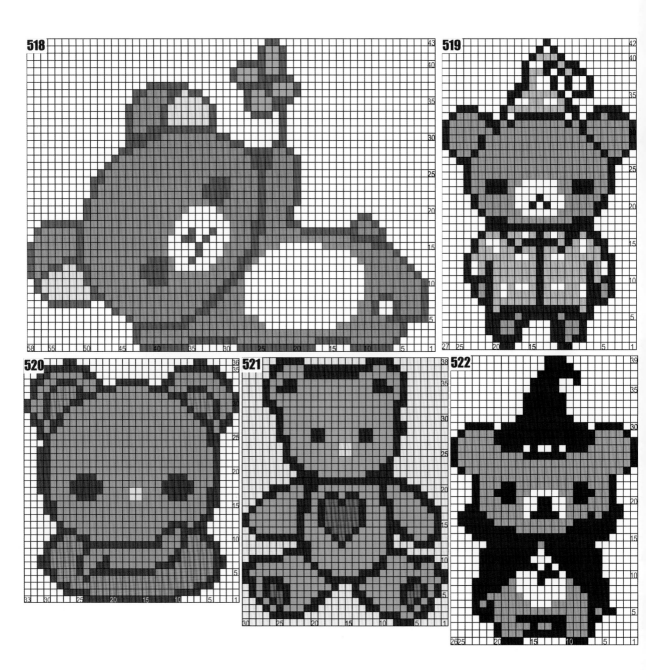

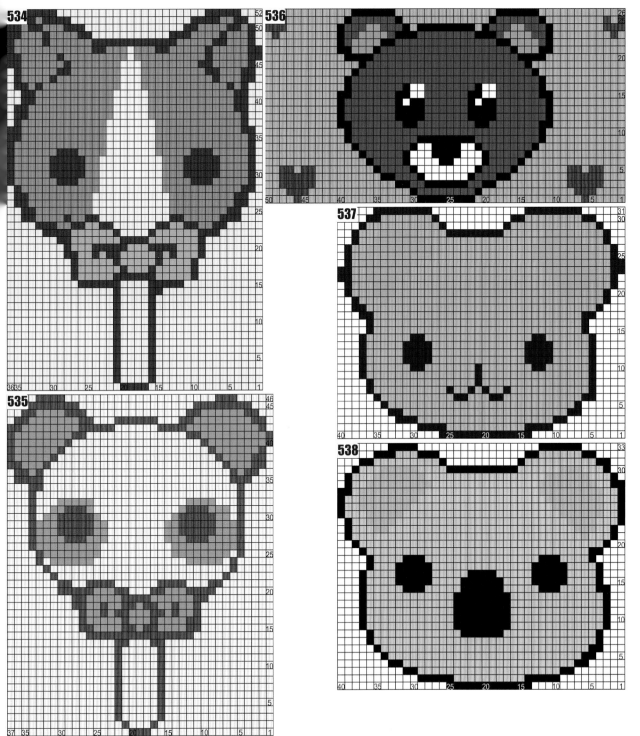

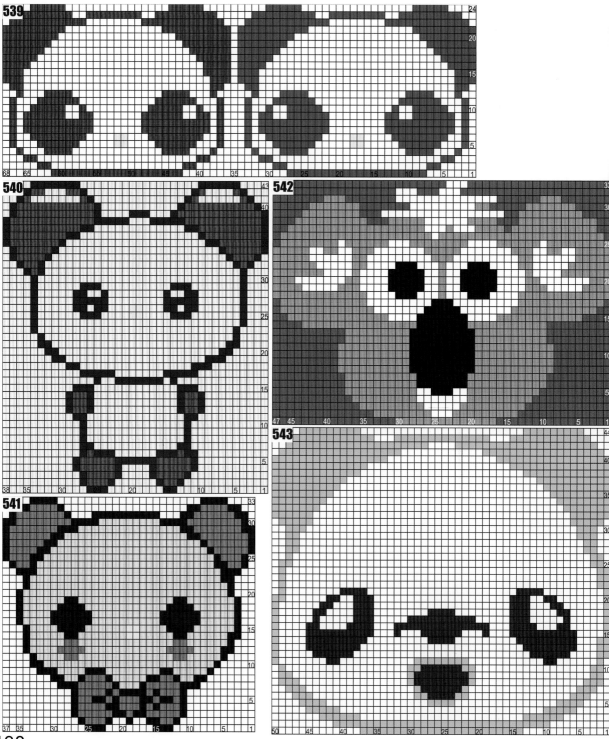

142

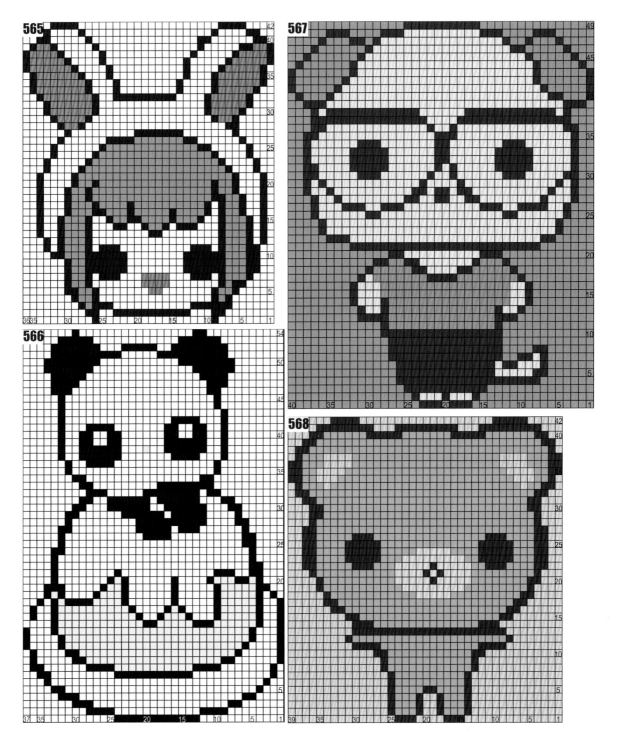

143

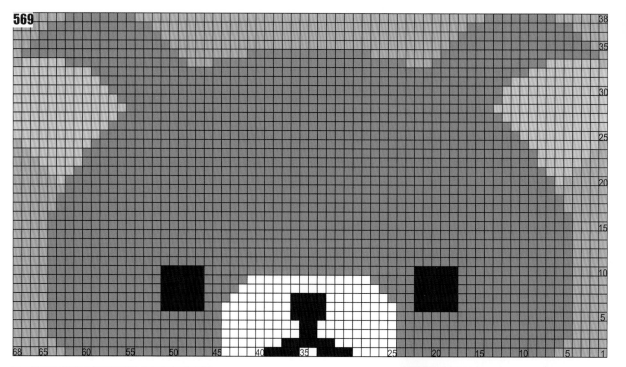

145

580

581

582

148

583

90
85
80
76
70
65
60
55
50
45
40
35
30
25
20
15
10
5
1

82 80   75   70   65   60   55   50   45   40   35   30   25   20   15   10   5   1

150

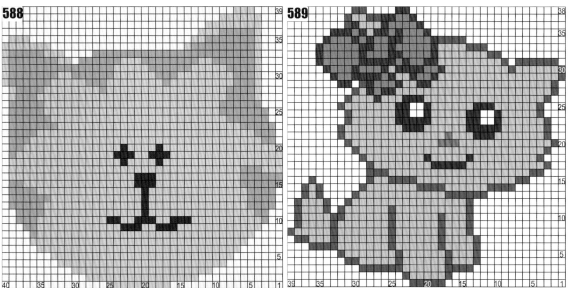

151

591

592

593

152

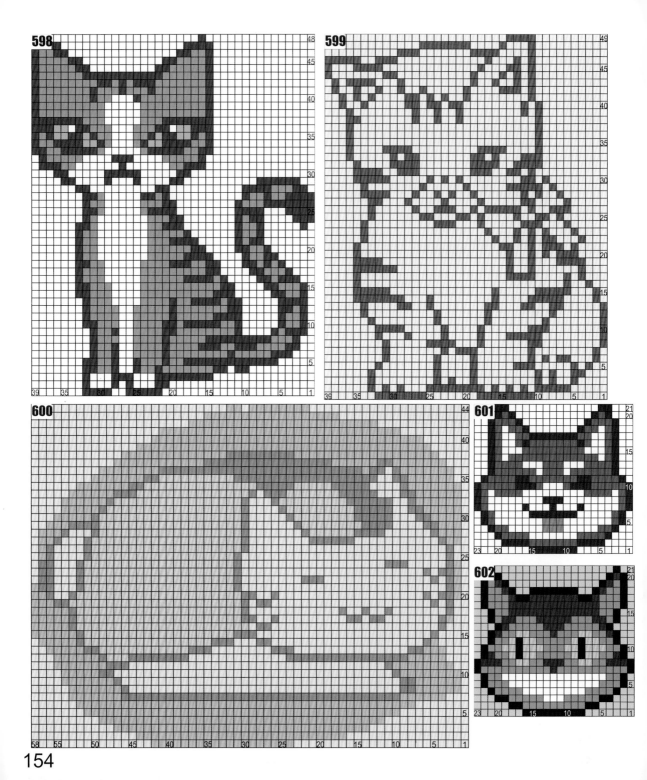

155

157

158

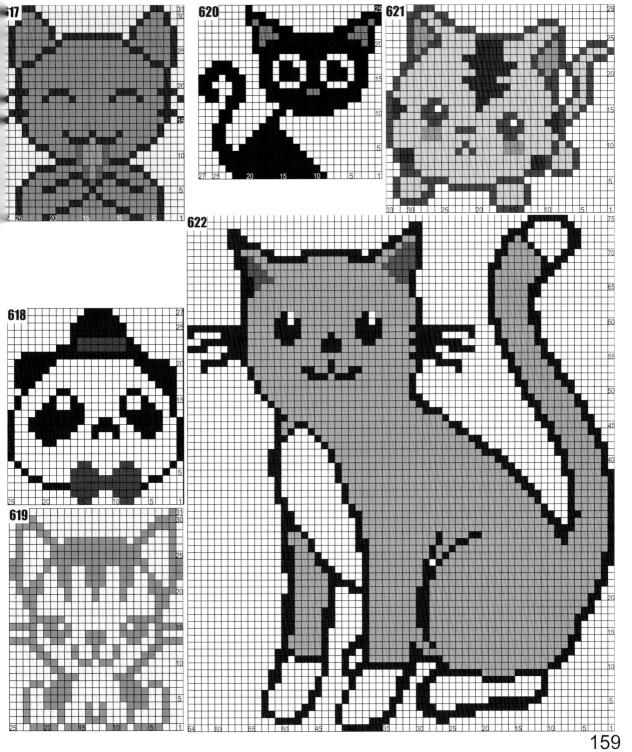

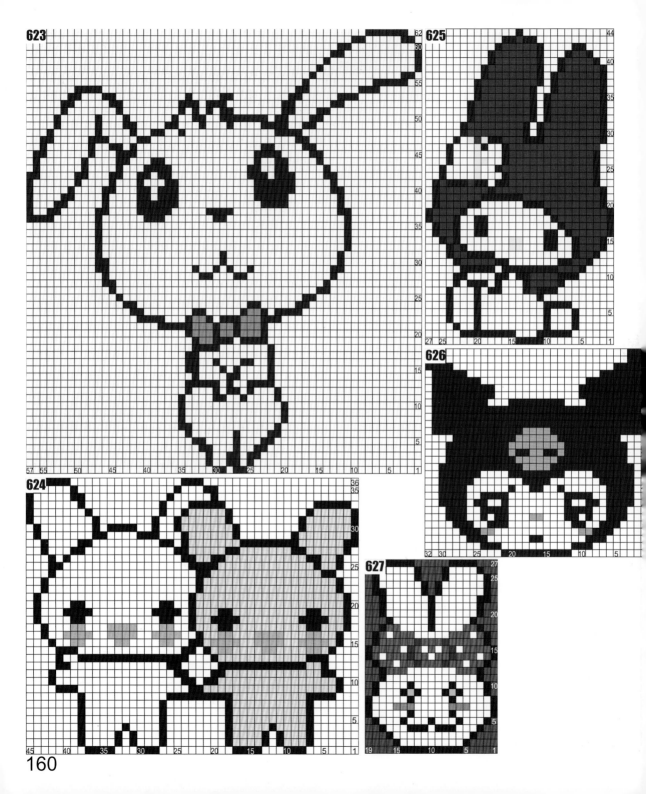

160

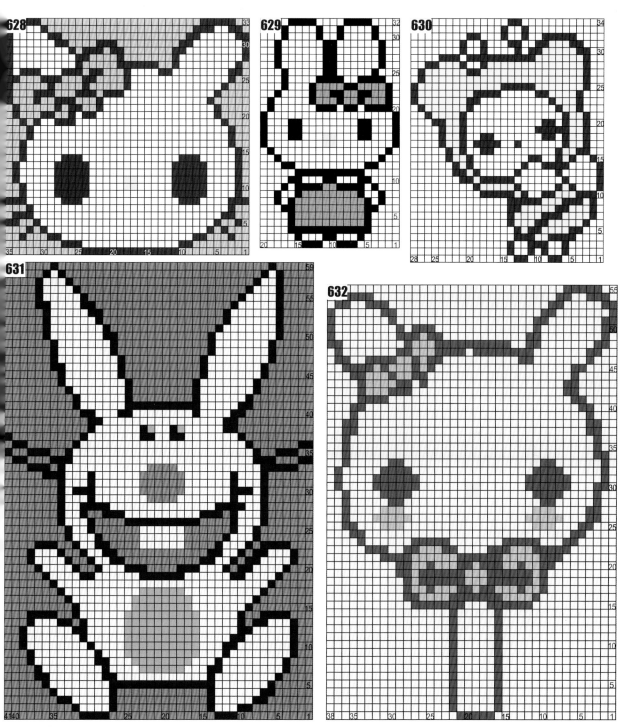

161

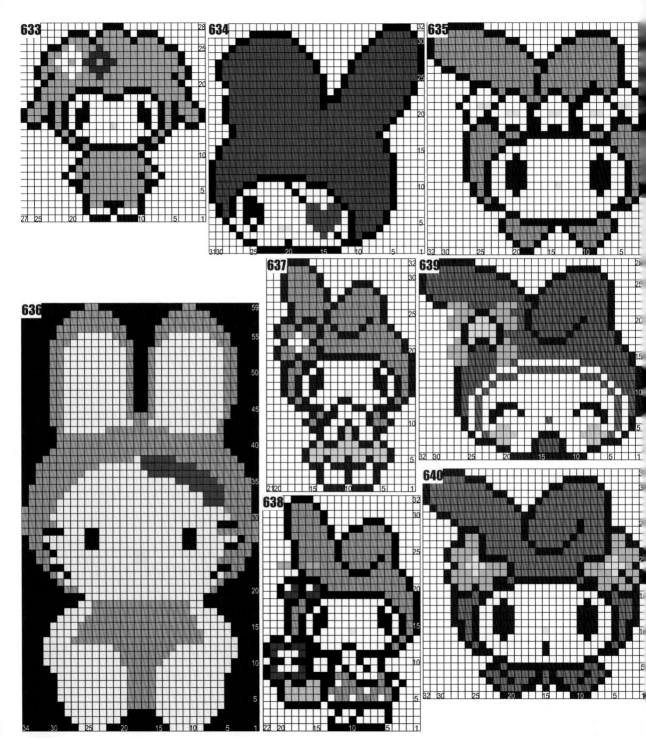

162

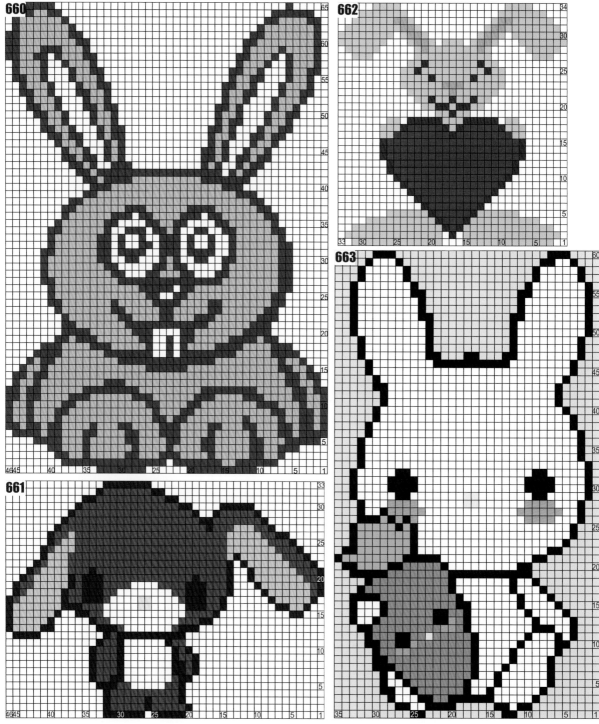

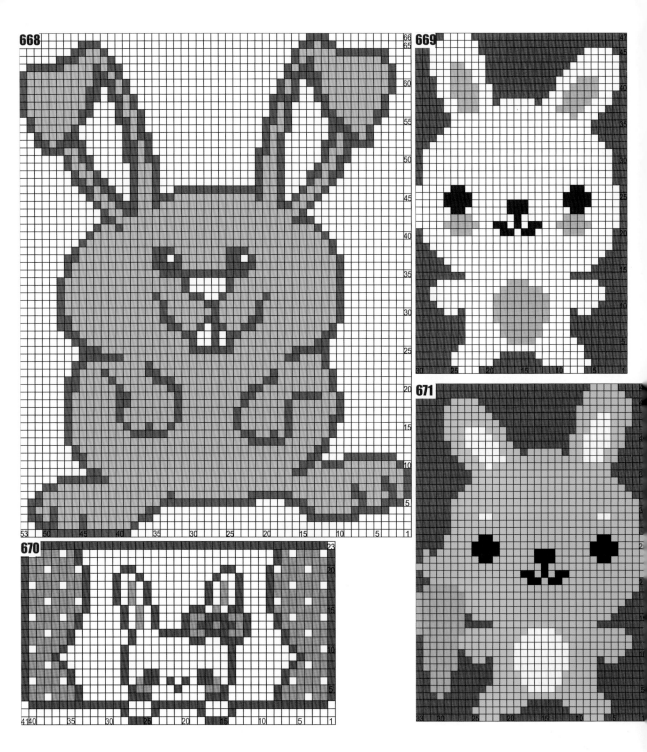

169

679

98
95
90
85
80
75
70
65
60
55
50
45
40
35
30
25
20
15
10
5
1

59 55 50 45 40 35 30 25 20 15 10 5 1

172

173

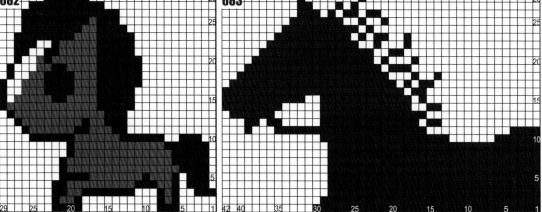

175

176

177

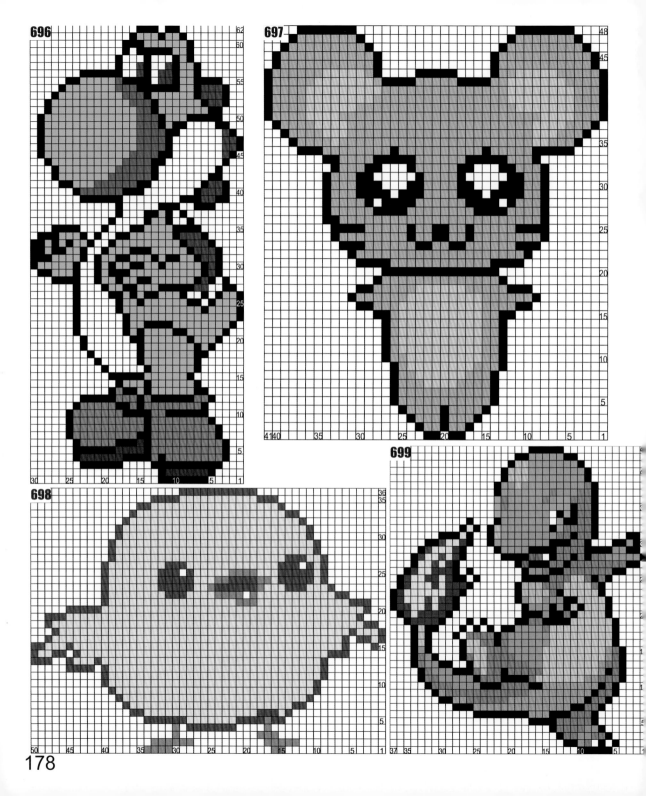

179

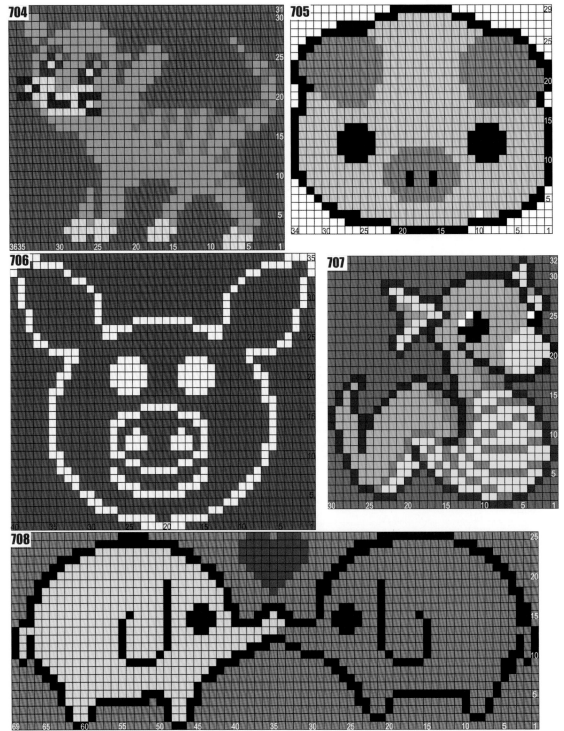

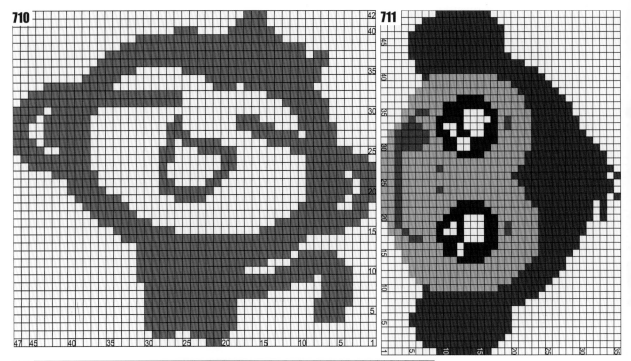

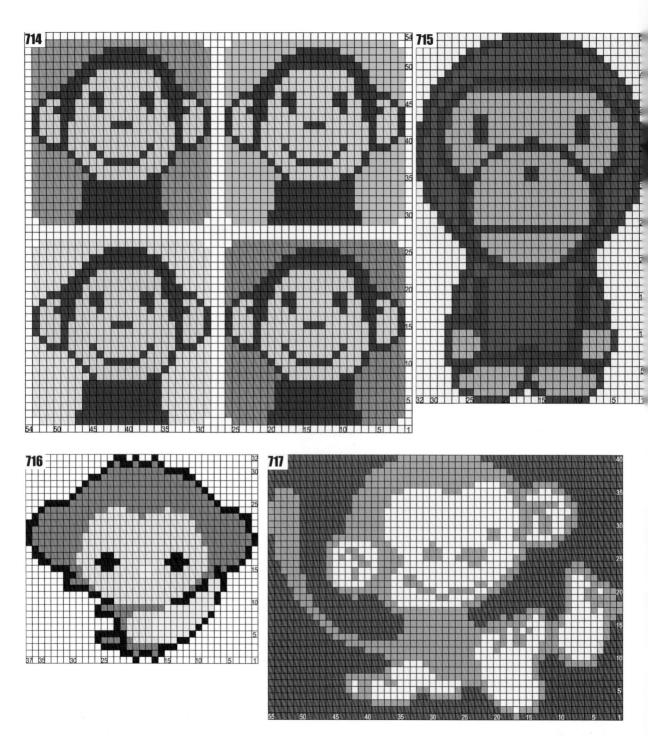

184

185

187

189

191